Marc Dahlbeck

GÜTERWAGEN DER *DDR*

seit 1949

transpress

Impressum

Einbandgestaltung: Luis dos Santos
Fotos: Uwe Miethe (gr. Abb., Abb. unten links); Marc Dahlbeck (Abb. unten rechts)
Rückseite: Archiv M. Dahlbeck

Bildnachweis:
Die zur Illustration dieses Buches verwendeten Aufnahmen stammen – wenn nichts anderes vermerkt ist – vom Verfasser.
Dill, Rainer: 29, 67, 68, 103o, 106, 107o, 107M, 113, 119M
Eisenbahnstiftung: 7, 31, 33, 47, 48, 61M, 61u, 64, 66, 72l, 72r, 73o, 86, 87, 90r, 96o, 103Mr, 123o, 128o
Emersleben, Volker: 74
Erdmann, Peter: 19o, 21M, 25u, 27u, 56
Klein, Sven: 11o, 88, 89ur, 103Ml, 122, 130
Meier, Roland: 97
Miethe, Uwe: 20, 51, 58, 60, 77, 89ul, 105Mr, 109, 111, 114, 115M, 119o, 120, 129o, 129u, 131, 133
Rampp, Dr. Brian: 9
Schiffer, Viktor: 15
Schlosser, Bernd: 52
Theurich, Wolfgang: 76

ISBN 978-3-613-71691-9

1. Auflage 2023

Sie finden uns im Internet unter www.transpress.de

Lektor: Hartmut Lange
Innengestaltung: Jürgen Knopf
Repro: Medien und Printprodukte, 74321 Bietigheim-Bissingen
Druck + Bindung: Graspo Cz, 763 02 Zlin
Printed in Czech Republic

Vorwort

Als Ergänzung zum Band über die »Reisezugwagen der DDR« und zur Vervollständigung des Bildes über den Wagenpark der Deutschen Reichsbahn (DR) der DDR liegt nun der ehemalige Typenkompass »Güterwagen der DDR« in einer neuen, erweiterten Form vor. Die erste Auflage dieses Buches verfasste Thomas Estler, der völlig überraschend am 12. September 2022 im Alter von 64 Jahren verstarb. Autor und Verlag haben versucht, das Werk in seinem Sinne fortzuführen.

Aufgrund der großen Typenvielfalt der Güterwagen musste anders als bei den Reisezugwagen die Auswahl stärker eingeschränkt werden, um den Rahmen dieses Bandes nicht zu sprengen. So wurden überwiegend Wagen berücksichtigt, die von der Reichsbahn neu beschafft wurden. Fahrzeuge, die sich nach dem Zweiten Weltkrieg auf den Gleisen der DDR fanden sowie deren spätere Umbauten, wurden nur in Ausnahmefällen berücksichtigt. Auch gebraucht von anderen Bahnen zugekaufte Wagen mussten unberücksichtigt bleiben. Trotz dieser Einschränkung konnten nicht alle Neubauwagen vorgestellt werden. Daher sind aus allen Gattungen, angefangen von den offenen E-Wagen über Selbstentlade- und Kühlwagen bis hin zu den Flach- und Tiefladewagen, nur die wichtigsten Fahrzeuge vertreten. Weil die Reichsbahn auch eine größere Anzahl an Kesselwagen für Öl oder Chemikalien in ihrem Bestand hatte, werden auch von diesen Fahrzeugen einige hier vorgestellt.

Für ihre Güterwagen benutzte die Reichsbahn mehrere Bezeichnungssysteme. Zum einen gab es eine Dokumentationsnummer, mit der die einzelnen Bauarten eindeutig gekennzeichnet wurden. Diese Nummern wurden bereits 1929 als dreistelliges System eingeführt und vorhandene Lücken von der Reichsbahn aufgefüllt. Später wurden vierstellige Nummern verwendet. Die Dokumentationsnummern waren nicht an den Wagen angeschrieben, sondern nur in der Literatur zu finden. Als weitere Kennzeichnung bekamen die Wagen eine vierstellige Gattungsschlüsselnummer, die aus der 5. bis 8. Ziffer der Wagennummer bestand. Sie war in einem Rechteck hinter den Gattungsbuchstaben an den Fahrzeugen angeschrieben. In der Literatur wird sie häufig in eckigen Klammern [xxxx] angegeben. Im Gegensatz zur Dokumentationsnummer änderte sich die Gattungsschlüsselnummer bei der Umzeichnung der Wagen. Wurde eine Wagenbauart gleichzeitig in mehrere Nummernkreise eingereiht, so gab es auch mehrere Gattungsschlüsselnummern.

Marc Dahlbeck

Inhalt

Einleitung

Auch auf dem Gebiet der späteren DDR waren nach dem Zweiten Weltkrieg Bahnanlagen und Fahrzeuge stark in Mitleidenschaft gezogen worden. Um einen möglichst fahrplanmäßigen Betrieb wieder aufnehmen zu können, mussten die Schäden schnell beseitigt und die Fahrzeuge aufgearbeitet werden. Dies traf auch für die Güterwagen zu. Hier lag der Bestand bei etwa 200.000 Fahrzeugen, von denen aber über die Hälfte nicht genutzt werden konnte. Zunächst wurden die Standardwagen wie offene und gedeckte Zweiachser wieder betriebsfähig gemacht. Ende der 1940er Jahre begann das Zentrale Konstruktionsbüro der LOWA mit der Konstruktion neuer Güterwagen. Dabei lag der Schwerpunkt auf vierachsigen Fahrzeugen wie den Selbstentladewagen OOs und gedeckten Wagen GGs. Kurz darauf begann die Entwicklung der ersten Spezialwagen, die dringend für die Beförderung passender Güter benötigt wurden, dazu gehörten die ersten Selbstentladewagen mit Sattelboden.

Mitte der 1950er Jahre hatten dann die älteren Wagen wie zum Beispiel die offenen Wagen des Typs Omm Linz oder Villach das Ende ihrer Nutzungszeit erreicht. Die Reichsbahn konnte aber noch nicht auf sie verzichteten und rief deshalb ein großes Rekonstruktionsprogramm ins Leben. Dabei wurden auch einige dieser Typen zu Klappdeckelwagen umgebaut, die im Kaliverkehr benötigt wurden.

In den 1960er Jahren ging die Beschaffung von Spezialgüterwagen weiter. Die Wirtschaft boomte und die Transportzahlen nahmen zu. Da die DDR aber mehr auf die Schiene als auf die Straße setzte, musste der Bestand an Güterwagen stark aufgestockt werden. Jedoch konnte die Waggonbauindustrie der DDR mit diesem Aufschwung nicht mithalten und so kaufte die Reichsbahn auch zahlreiche Güterwagen im Ausland. Lieferanten waren unter anderem die Tschechoslowakei und Jugoslawien, aber auch »kapitalistische« Länder wie Belgien, Frankreich und Spanien kamen zum Zuge. Sogar aus Nordafrika gelangten Wagen in die DDR. Außerdem übernahm die DR auch gebrauchte Wagen aus zweiter Hand. Dazu gehörten offene und gedeckte Wagen sowie zweiachsige Selbstentladewagen der Deutschen Bundesbahn.

Als Besonderheit beschaffte die Reichsbahn große vierachsige Maschinenkühlwagen, aus denen von einer Mannschaft begleitete Ganzzüge zusammengestellt wurden. Zu diesen Zügen gehörte ein spezieller Maschinenwagen mit Dieselgenerator, welcher die Kühlaggregate der Kühlwagen versorgte und Wohnabteile für die Mannschaft bot. Die Maschinenwagen konnte bis zu zehn Kühlwagen versorgen, so wurden Züge mit elf Wagen gebildet.

Anders als die Bundesbahn hielt die Reichsbahn auch zahlreiche Kesselwagen vor, welche für die Beförderung von Ölerzeugnissen und Chemikalien benötigt wurden. Je nach Anforderungen standen den Kunden eine große Auswahl zwei- und vierachsiger Wagen in den unterschiedlichsten Ausführungen zur Verfügung. Aber nicht alle Kesselwagen gehörten der Reichsbahn, einige waren als Privatwagen nur bei ihr eingestellt.

Ein besonderer Aspekt bei den DR-Güterwagen war die politische und militärische Lage der DDR. Um größere Truppen- und Materialbewegungen bewältigen zu können, führte die Reichsbahn sehr viele sechsachsige Schwertransport-Flachwagen und Tiefladewagen in ihrem Bestand. Für die Truppen standen gedeckte Mannschaftstransportwagen zur Verfügung. Diese Wagen hatten zusätzliche Lüftungseinrichtungen auf dem Wagendach.

Elo [5136], El [5575] (Dok 5042)

Mitte der 1930er Jahre ermöglichte die Schweißtechnik den Bau leichterer Güterwagen mit höheren Lastgrenzen. Diesen Vorteil nutzte die DRG aus und beschaffte die Bauart »Ommr Linz«. Wegen der neuen Bauweise konnten sie mit einem Radsatzstand von 6.000 mm statt bisher 4.500 mm länger ausgeführt werden als die Bauart »Om Essen«.

Von den Wagen gab es zwei Ausführungen mit unterschiedlichen Untergestell-Konstruktionen. Die erste Bauform bestand aus innen liegenden, fischbauchartig verstärkten Langträgern, die durch Kopf- und Querträger zu einem Rahmen verschweißt waren. Ab 1941 liefen die Außenlangträger gerade durch. Beide Ausführungen hatten ein räumliches Sprengwerk.

Die Wehrmacht forderte abnehmbare Seiten- und Stirnwände, um die Fahrzeuge auch als Flachwagen einsetzen zu können. Deshalb bestand der Wagenkasten aus einzelnen, lose aufgesetzten Segmenten. Zunächst wurden T-Profile als Kastenrungen verwendet, später stabilere U-Profile. Durch diese Konstruktion waren die Wagen nicht kippbar.

Das Laufwerk der bis 1941 gelieferten Wagen besaß Vollradsätze mit Gleitlagern. Danach wurden Rollenlager verwendet. Die DR der DDR ersetzte die Gleitlager später durch Rollenlager. Die Radsätze waren über neunlagige Blatttragfederpakete und einfache Schaken mit dem Untergestell verbunden.

Die Druckluftbremse der Bauart Hik-G hatte einen Bremszylinder und eine zweistufige Lastabbremsung. Zusätzlich erhielt ein Teil der Wagen eine Handbremse, die sich mit einer Kurbel von einer Stirnbühne aus bedienen ließ.

Länge über Puffer (mm)	10.100/10.800[1)]
Ladelänge (mm)	8.720
Ladebreite (mm)	2.756
Ladehöhe (mm)	1.000
Ladefläche (m^2)	24
Laderaum (m^3)	24
Eigenmasse (kg)	10.400/10.700[1)]
Lastgrenzen (kg)	
A	27.500/24.500
B	25.500/25.000
C	25.500/25.000
C[2)]	29.500/29.000
Höchstgeschwindigkeit (km/h)	75
Bremse	Hik-G
Erstes Baujahr	1939
Radsatzstand (mm)	6.000
[1)] ohne/mit Feststellbremse	
[2)] Wagen mit Rollenlager	

Die durchgehende Zugvorrichtung war mit normalen Schraubenkupplungen und Zughaken ausgestattet. Hülsenpuffer nahmen Stoßkräfte auf.

Die DR tauschte bei einigen Fahrzeugen die defekten Holzwände gegen Stahlwände aus. Neben der Be- und Entladung von oben konnten die Fahrzeuge durch zweiflügelige Drehtüren in der Mitte der Längsseiten befahren oder begangen werden.

Eal [5916] (Dok 0750)

Die vierachsigen, offenen Güterzugwagen wurden ab 1954 in mehreren Serien mit und ohne Bremserhäuser gebaut. Sie dienten bevorzugt zur Beförderung witterungsunempfindlicher Schüttgüter.
Ihre Einheitsdrehgestelle bestanden aus Pressblech, hatten Gleitlager-Radsätze und einen Radsatzstand von 1.956 mm. Siebenlagige Blattfedern und Federlaschen dämpften die Wankbewegungen.
Die Druckluftbremse der Bauart Hik-GP hatte einem Bremszylinder und eine zweistufige Lastabbremsung. Außerdem waren eine Handbremse in einem Bremserhaus bzw. eine seitlich angeordnete Feststellbremse vorhanden, die auf beide Drehgestelle wirkten.
Die Wagen besaßen eine geteilte Zugeinrichtung aus zwei kurzen, nicht durchgehenden Zugstangen mit Evolutfedern. Zughaken und Schraubenkupplung entsprachen den Vorgaben der TGL 7134. Als Stoßeinrichtung dienten Hülsenpuffer nach TGL 7138.
Das Untergestell bestand aus Normalprofilen und Blechträgern, die miteinander verschweißt waren. Die Hauptbestandteile bildeten die äußeren Langträger, die Hauptquerträger und die besonders kräftig ausgebildeten Vorbauten. Bei Wagen mit Feststellbremse war das Untergestell auf einer Seite um eine stählerne Bühne verlängert.
Seiten-, Stirnwände und der Fußboden bestanden aus Kiefernbrettern. Die Stirnwände waren klappbar (Wagen mit Bremserhaus hatten nur eine klappbare Stirnwand). In den Seitenwänden waren je zwei hohe und drei halbhohe zweiteilige Drehtüren aus gepressten Blechen vorhanden. Die Stirnwandklappen und Seitenwandtüren ließen sich über Knie- bzw. Daumenwellenverschlüsse entriegeln, wobei durch Handhebel jede Klappe bzw. Tür gesondert bedient werden konnte. Nach der Entladung mussten die Klappen bzw. Türen wieder geschlossen werden.
Der Fußboden mit einer Bitumen-Zwischenlage schützte das Untergestell vor Rostbildung. An den Nichtbremsenden befanden sich Ecktritte und Griffe.

Länge über Puffer (mm)	13.740/14.440*
Ladelänge (mm)	12.400
Ladebreite (mm)	2.740
Ladehöhe (mm)	2.000
Ladefläche (m^2)	34
Laderaum (m^3)	68
Eigenmasse (kg)	21.000
Lastgrenzen (kg)	
A	43.000
B1	47.500
B2	51.000
C	59.000
Höchstgeschwindigkeit (km/h)	90
Bremse	Hik-GP
Drehgestellbauart	969 (Einheit)
Radsatzstand im Drehgestell (mm)	2.000
Radsatzstand (mm)	10.500
Erstes Baujahr	1956

* ohne/mit Feststellbremse

Eal [5918] (Dok 0752)

Die vierachsigen Eal [5918] liefen auf Radsätzen mit Rollenachslagern. Siebenlagige Pakete aus Blatttragfedern mit langen Laschen verbanden die Achslagergehäuse mit den Drehgestellen. Diese waren aus Pressblechen gefertigt und konnten entweder mit Normalspur- oder mit Breitspurradsätzen bestückt werden.
Das Untergestell bestand aus Normalprofilen und Blechträgern aus normalem Baustahl, die miteinander verschweißt waren. Der Einbau einer Mittelpufferkupplung war nicht möglich.
Die Zugeinrichtung war geteilt und mit Evolutfedern bestückt. Der Zughaken entsprach TGL-Vorgaben.
Die Wagen hatten eine Druckluftbremse der Bauart Hik-GP mit einem Bremszylinder und selbsttätigem Bremsgestängesteller. Außerdem waren die Fahrzeuge mit einer seitlich angeordneten Feststellbremse ausgerüstet. Sowohl die Druckluftbremse als auch die Handbremse wirkten auf beide Drehgestelle.
Die Seiten- und Stirnwände waren aus Blech gefertigt. Die Seitenwände waren in Verbindung mit dem Untergestell als Tragwerk ausgebildet. Beide Stirnwände wurden durch öffnungsfähige Klappen verschlossen. In jeder Seitenwand befanden sich drei hohe, zweiteilige Drehtüren aus gepressten Blechen. Wegen des hohen Schüttdrucks und der größeren Korrosionsgefahr wurden die unteren Hälften der Seitenwände verstärkt. Der Fußboden bestand aus Kiefernholz mit einer Bitumen-Zwischenlage, die das Untergestell vor Rostbildung schützte. Die Öffnung der Stirnwandklappen und der Seitenwandtüren erfolgte über Knie- bzw. Daumenwellenverschlüsse, die durch Handhebel gesondert bedient werden konnten.
Die Wagen wurden ab 1989 rekonstruiert und dabei mit neuen Kästen ausgestattet und als Eas [5960] bezeichnet. Die Eas [5918] wurden bis 1994 alle ausgemustert, keiner kam mehr zur Deutschen Bahn AG.

Länge über Puffer (mm)	13.740
Ladelänge (mm)	12.410
Ladebreite (mm)	2.740
Ladehöhe (mm)	2.000
Ladefläche (m^2)	34,0
Laderaum (m^3)	68,0
Eigenmasse (kg)	20.500
Lastgrenzen (kg)	
A	43.500
B1	48.000
B2	51.500
C	59.000
Höchstgeschwindigkeit (km/h)	90
Bremse	Hik-GP
Drehgestellbauart	965 (Niesky)
Radsatzstand im Drehgestell (mm)	2.000
Radsatzstand (mm)	10.500
Erstes Baujahr	1956

Es(-u) [5520] (Dok 5031)

Mitte der 1960er Jahre beschaffte die Deutsche Reichsbahn der DDR die ersten zweiachsigen, zunächst als Ommu 40.0 und später als Ommu 5051 bezeichneten Hochbordwagen. Bis 1978 verließen dann über 25.000 Exemplare das Raw Dresden. Ab 1972 erhielten sie die international gültige Bezeichnung Es [5520]. Die Wagen dienten in erster Linie dem Transport witterungsunempfindlicher Schüttgüter wie Kohlen, Schotter, Kies, Düngemittel und Zuckerrüben. Aber auch Stückgüter wie Holz, Maschinen und Schrott wurden in ihnen transportiert. Etwa 9.500 Wagen der Bauart Es 5520 kamen zu Beginn des Jahres 1994 zur Deutschen Bahn AG und wurden von ihr als Es 025 bezeichnet. Inzwischen sind alle Wagen aus dem Dienst ausgeschieden.

Länge über Puffer (mm)	10.000
Ladelänge (mm)	8.760
Ladebreite (mm)	2.760
Ladehöhe (mm)	1.500
Ladefläche (m²)	24,0
Laderaum (m³)	36,3
Eigenmasse (kg)	11.200
Lastgrenzen (kg)	
AS	21.000
BS	25.000
CS	29.000
Höchstgeschwindigkeit (km/h)	100
Bremse	KE-GP
Radsatzstand (mm)	5.400
Erstes Baujahr	1964

Stahlwalzprofile und Bleche bildeten das diagonalsteife Untergestell. Zur Versteifung waren ebene Sprengwerke vorhanden. Die Wagen mit Handbremse besaßen einen um 500 mm verlängerten Pufferträger mit vorgebauter Stirnbühne. Tür-, Eck- und Seitenrungen bestanden aus U-Profilen, die durch Stahlbleche zu festen Seitenwandelementen verbunden waren. In der Mitte jeder Seitenwand befand sich eine zweiflügelige, um 180 Grad drehbare Tür mit darunter befindlichem kurzen Trittbügel. Kopfklappen ermöglichten das Entladen auf Kippanlagen und die Stahlklappen waren in Schalenbauweise hergestellt.

Nur zwischen den Langträgern war der Fußboden mit Kiefernholzbohlen belegt und zwischen Langträger und Seitenwand kamen Bleche zur Anwendung. Der Boden konnte mit Gabelstaplern befahren werden.

Die beiden Vollradsätze liefen in Zylinderrollenlagern und achtlagige Pakete aus Blatttragfedern und Doppelschaken verminderten die Bewegungen des Aufbaus.

Die Wagen besaßen eine Druckluftbremse der Bauart Knorr KE-GP mit zweistufigem, mechanischem Lastwechsel und einem Bremszylin-

der. Einfache Bremsklötze wirkten von beiden Seiten auf die Laufflächen der Radsätze. Etwa 20 Prozent der Wagen wiesen eine Feststellbremse auf.

Die Zugapparate mit Kegelfedern waren über eine durchgehende Zugstange verbunden und mit normalen Zughaken und Schraubenkupplungen ausgestattet. Nach kleinen Änderungen konnte sogar eine automatische Mittelpufferkupplung eingebaut werden. Vier Ringfeder-Hülsenpuffer mit runden Puffertellern übertrugen Stoßkräfte.

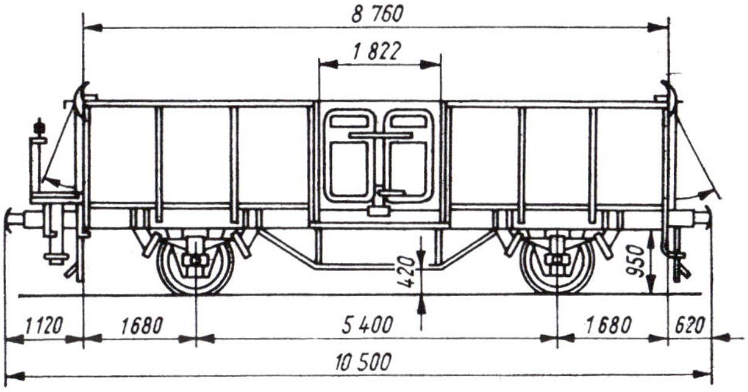

Eas-x [5951, 5952] (Dok 5329)

Mitte der 1970er Jahre befanden sich noch viele vierachsige, offene Güterwagen im Bestand der Deutschen Reichsbahn, die nicht den Vorgaben der UIC entsprachen. Weil aber auf diese Wagen zu dieser Zeit noch nicht verzichtet werden konnte, entschloss sich die Reichsbahn zu einem Umbau, bei dem die Fahrzeuge an die UIC-Richtlinien angepasst wurden. Dabei wurden unter anderem die Untergestelle verlängert. Nachdem zwei Probewagen ausgiebig untersucht worden waren, entstand eine Serie von über 730 Exemplaren.

Die neuen, zweiachsigen Drehgestelle der Wagen entsprachen nun der Bauart 8653 (Y 25 Cs). Sie bestanden aus einem H-förmigen, geschweißten Grundrahmen, der durch Kopfstücke verstärkt worden war. Die Radsätze liefen in Zylinderrollenlagern und ihre Federung erfolgte über Schraubenfedersätze neben den Radsatzlagern. Die Knorr-Druckluftbremse der Bauart KE-GP mit einem 14 Zoll-Bremszylinder besaß eine zweistufigen, manuell umzustellenden Lastwechsel. Ihr Zylinder bewegte über ein Gestänge die Bremssohlen aus Grauguss. Zusätzlich hatten einige Wagen eine Feststellbremse, die über ein Handrad an der Längsseite vom Boden aus bedient werden konnte.

Länge über Puffer (mm)	14.040
Ladelänge (mm)	12.800
Ladebreite (mm)	2.760
Ladehöhe (mm)	2.100
Ladefläche (m²)	35,2
Laderaum (m³)	72
Eigenmasse (kg)	22.000
Lastgrenzen (kg)	
AS	42.000*
B1S	48.000*
B2S	50.000*
CS	58.000
Höchstgeschwindigkeit (km/h)	120
Bremse	KE-GP
Drehgestellbauart	8653 (Y 25 Cs)
Radsatzstand im Drehgestell (mm)	1.800
Radsatzstand (mm)	10.800
Erstes Baujahr	1975

* ohne Feststellbremse

Die geteilte Zugvorrichtung wies entweder zwei parallele Kegelfedern oder eine Gummi-

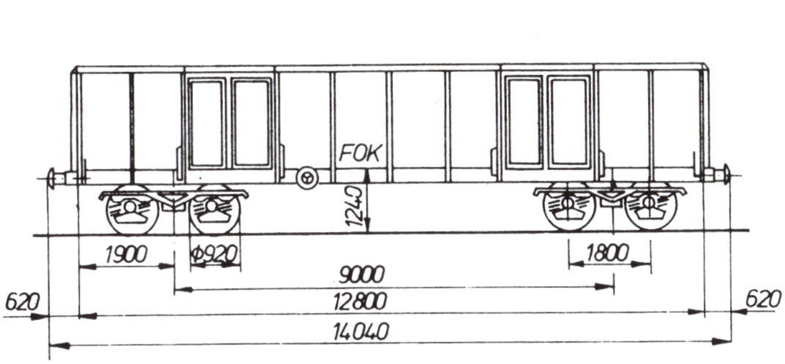

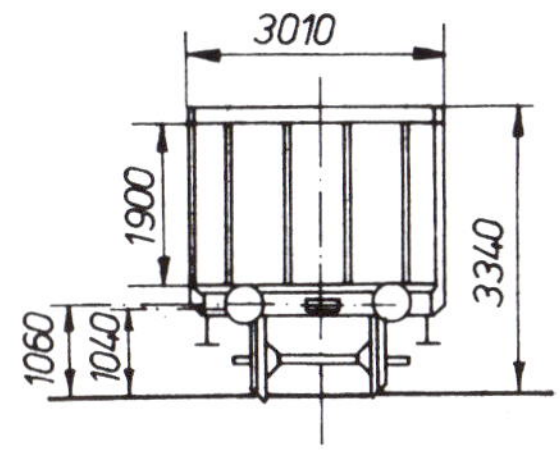

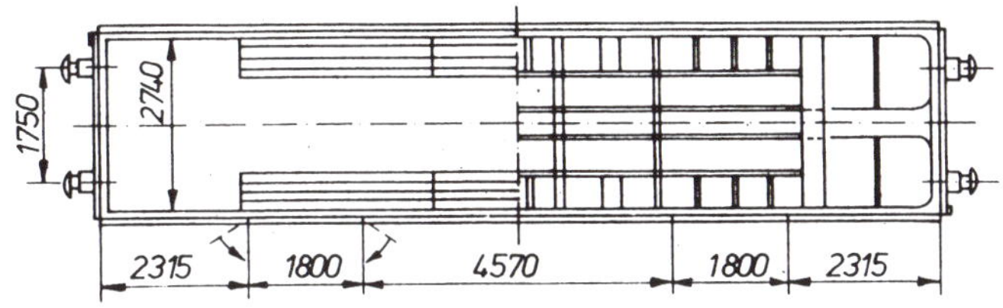

schichtfeder mit normalen Schraubenkupplungen auf. Die Federbeinabstützung diente zur Aufnahme der automatischen Kupplung.

Die Übertragung der Stoßkräfte übernahmen vier Hochleistungspuffer der Bauart Ringfeder mit rechteckigen Puffertellern.

Das Wagenuntergestell setzte sich aus durchlaufenden Lang-, Quer- und Kopfträgern zusammen. Der Wagenkasten bestand aus senkrechten Eck-, Seiten- und Türrungen, die über einen durchlaufenden Obergurt miteinander verbunden waren. Die Beblechung bestand aus korrosionsbeständigem, sich nach oben verjüngendem Stahlblech. Zur Be- und Entladung standen auf jeder Längsseite zwei zweiflügelige, manuell zu bedienende Drehtüren zur Verfügung. Außerdem konnten die Wagen auf Kreiselkippanlagen entleert werden. Der Fußboden der Bauart Eas [5951] war in der Mitte mit Holzbohlen belegt. An den Wagenenden lag eine 5 mm dicke Riffelblechbeplankung auf einem Traggerüst. Die Wagen der Bauart Eas-x [5952] besaßen einen reinen Stahlfußboden.

Die Anordnung der Tritte, Griffe, Seilhaken und Zettelkästen entsprach den internationalen Vorgaben. Die Deutsche Bahn AG reihte die Wagen mit gemischten Fußböden als Eas 060, die mit reinem Stahlboden als Eas-x 061 in ihren Bestand ein.

Eas(-x) [5960, 5961] (Dok 5332)

Mitte der 1970er Jahre erreichten die vierachsigen Hochbordwagen aus den 1950er und 1960er Jahren das Ende ihrer Nutzungszeit. Die Reichsbahn konnte aber noch nicht auf sie verzichten und nahm sie daher in ein groß angelegtes Rekonstruktionsprogramm auf. Ab 1978 entstanden unter anderem die nicht seitenkippfähigen und deshalb nur bedingt zur Beförderung von Schüttgütern geeigneten Bauarten Eas [5909] und Eas-x [5910]. Um auch kippfähige Wagen vorzuhalten, ließ sie bei vielen Exemplaren das Untergestell verstärken und einen Kasten mit ebenen Säulen einbauen. Diese Wagen wurden als Eas [5960] und Eas-x [5961] eingereiht. 1994 übernahm die DB AG 136 Fahrzeuge der Bauart Eas [5960] als Eas 064 in ihren Bestand. Von den Eas-x [5961] kamen 1.376 Wagen als Eas-x 065 zur DB AG.

Länge über Puffer (mm)	14.040
Ladelänge (mm)	12.800
Ladebreite (mm)	2.760
Ladehöhe (mm)	2.100
Ladefläche (m^2)	35,2
Laderaum (m^3)	72
Eigenmasse (kg)	22.000
Lastgrenzen (kg)	
AS	42.000
B1S	48.000
B2S	50.000
CS	58.000
Höchstgeschwindigkeit (km/h)	100
Bremse	KE-GP
Drehgestellbauart	8658 (Niesky)
Radsatzstand im Drehgestell (mm)	2.000
Radsatzstand (mm)	10.500
Erstes Baujahr	1978

Die Radsätze der Drehgestellbauart Niesky aus geschweißten Blechen liefen in Zylinderrollenlagern.

Außer der Druckluftbremse der Bauart Knorr KE-GP mit zweistufiger Lastabbremsung hatten einige Wagen zusätzlich eine manuell zu bedienende Feststellbremse.

Die geteilte Zugvorrichtung mit Kegelfederapparaten trug normale Schraubenkupplungen und Zughaken.

Das geschweißte Untergestell bestand aus unterschiedlichen Walzprofilen und Stahlblechen zusammen. Lang-, Quer- und Pufferträger bildeten einen stabilen Rahmen. Verstärkte Innenlangträger und Verbindungen zu den Seitenwandrungen ermöglichten das Entladen auf Kreiselkippern. Senkrechte Eck-, Seiten und Türrungen ergaben zusammen mit dem durchlaufenden Obergurt das Gerippe des Wagenkastens. Beide Stirnwände waren als oben aufgehängte Kopfklappen ausgebildet und unten durch einen manuellen Verschluss verriegelt. Je Längsseite besaßen die Fahrzeuge zwei zweiflügelige Drehtüren aus von innen verblechten U-Stahl-Profilen. Die Bauarten unterschieden sich in der Ausführung des Fußbodens. Bei den Eas [5960] bestand der Fußboden aus Holzbohlen, bei den Eas-x [5961] wurden vorgefertigte Stahlsegmente verwendet.

Eas [5909, 5910] (Dok 5332, 5333)

Ende der 1970er Jahre setzte die Deutsche Reichsbahn der DDR noch die älteren Bauarten Eal(s) [5906], Eal(s) [5908], Eal [5916] und Eal [5918] ein. Diese entsprachen aber nicht mehr den Anforderungen und sollten bald ersetzt werden. Weil die Reichsbahn aber nicht auf neue Wagen zurückgreifen konnte, entschloss sie sich zur Rekonstruktion der alten Vierachser.

Vor dem serienmäßigen Umbau wurden zunächst Probewagen gebaut, die ausführlich getestet wurden. Auch ein rationeller Fertigungsablauf und möglichst geringe Unterhaltskosten standen im Focus.

Nachdem die Rekonstruktion erfolgreich angelaufen war, entstanden im Raw Dresden bis 1985 über 3.800 Umbauwagen. Sie wurden bei der Reichsbahn zur Beförderung witterungsunempfindlicher Schüttgüter wie Rohbraunkohle, Briketts, Kies, Sand und Schrott in Ganzzügen, als Einzelwagen oder in Wagengruppen genutzt.

Die Drehgestelle der Bauart Niesky blieben bei der Rekonstruktion erhalten.

Die Druckluftbremse der Bauart Hik-GP bei den Eal [5918] wurde gegen eine der Bauart Knorr KE-GP getauscht. Dazu hatten einige Wagen eine manuell vom Boden aus zu bedienende Feststellbremse.

Die geteilte Zugvorrichtung war mit zwei parallel oder in Reihe angeordneten Kegelfederapparaten sowie normale Schraubenkupplungen und Zughaken bestückt.

Die Schweißkonstruktion des Untergestells setzte sich aus unterschiedlichen Walzprofilen und Stahlblechen aus hochwertigem Baustahl zusammen. Der Wagenkasten bestand aus senkrechten Rungen, die durch einen durchlaufenden Obergurt verbunden waren. Das Gerippe war mit korrosionsbeständigem Stahl beblecht. In die Längsseiten waren zweiflügelige Drehtüren integriert. Kopfklappen bildeten die Stirnwände. Damit ließen sich die Wagen auch auf Stirnkippanlagen entleeren. Seitentüren und Stirnklappen waren eine Stahlrahmenkonstruktion und mussten manuell ver- und entriegelt werden.

Während bei den rund 860 Eals [5910] Holzbohlen als Fußboden verlegt wurden, bekamen die Eals-x [5909] aus Stahlböden. Beide Bodenausführungen konnten befahren werden.

Länge über Puffer (mm)	**14.040**
Ladelänge (mm)	**12.800**
Ladebreite (mm)	**2.750**
Ladefläche (m²)	**35,2**
Laderaum (m³)	**74**
Eigenmasse (kg)	**21.000*/22.000**
Lastgrenzen (kg)	
(Eigenmasse 21.000 kg)	
AS	**43.000**
B1S	**49.000**
B2S	**51.000**
CS	**59.000**
(Eigenmasse 22.000 kg)	
AS	**42.000**
B1S	**48.000**
B2S	**50.000**
CS	**58.000**
Höchstgeschwindigkeit (km/h)	**100**
Bremse	**KE-GP**
Drehgestellbauart	**8658 (Niesky)**
Radsatzstand im Drehgestell (mm)	**2.000**
Radsatzstand (mm)	**10.500**
Erstes Umbaujahr	**1978**
***Einige Wagen der Dok-Nr.: 5333**	

Es [5235] (Dok 5033)

Länge über Puffer (mm)	10.000
Ladelänge (mm)	8.760
Ladebreite (mm)	2.760
Ladehöhe (mm)	1.500
Ladefläche (m²)	24,2
Laderaum (m³)	36,3
Eigenmasse (kg)	11.500
Lastgrenzen (kg)	
AS	20.500
BS	24.500
CS	28.500
Höchstgeschwindigkeit (km/h)	100
Bremse	KE-GP
Radsatzstand (mm)	5.400
Erstes Baujahr	1979

Nach dem Ende der Fertigung der zweiachsigen offenen Güterwagen der Bauart Es [5520] im Jahr 1978 war die Beschaffung dieses Wagentyps bei der Reichsbahn aber noch nicht abgeschlossen. Mehr oder weniger nahtlos schloss sich die Bauart Es [5235] an. Sie entsprach ebenfalls dem UIC-Standardtyp 2.

Von ihr entstanden im Raw Dresden zwischen 1979 und 1982 etwa 4.000 Exemplare. Darunter waren 150 sogenannte »Leitungswagen« ohne eigene Bremse, die als Es [5038] eingereiht wurden. Von diesen Wagen ohne Bremsanlage gelangten nur noch zehn Exemplare zur Deutschen Bahn. Sie wurden aber bereits 1994 ausgemustert. Von den Es 5235 übernahm die DB AG rund 3.800 Stück. 2008 schieden die letzten als Es 026 bezeichneten Wagen aus dem Bestand aus.

Die Wagen unterschieden sich besonders bei der Ausführung der Stahlprofile des Untergestells von den Vorgängern. Hatte man bei den Es [5520] noch schmale Profile aus sowjetischer Fertigung verwendet, so wurden nun normale Profile eingebaut.

Auch diese Hochbordwagen besaßen Laufwerke mit Zylinderrollenlagern und Vollradsätzen, wobei achtlagige Blatttragfederpakete und Doppelschaken die Laufwerke mit dem Aufbau verbanden.

Ihre Druckluftbremse der Bauart Knorr KE-GP hatte einen zweistufigen mechanischen Lastwechsel, einen Bremszylinder, einen selbsttätigen Bremsgestängesteller und einfache Bremsklötze.

Die durchgehende Zugvorrichtung war mit Kegelfedern, Schraubenkupplungen und normalen Zughaken ausgestattet, wobei eine automatische Mittelpufferkupplung auch eingebaut werden konnte. Als Stoßvorrichtungen waren vier Hülsenpuffer der Bauart Ringfeder montiert.

Stahlwalzprofile und Bleche bildeten das diagonalsteife Untergestell und ebene Sprengwerke dienten der Aussteifung. Der stählerne Wagenkasten bestand aus Tür-, Eck- und Sei-

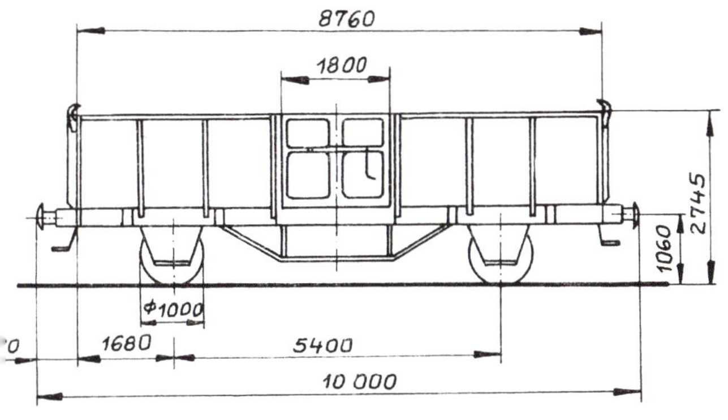

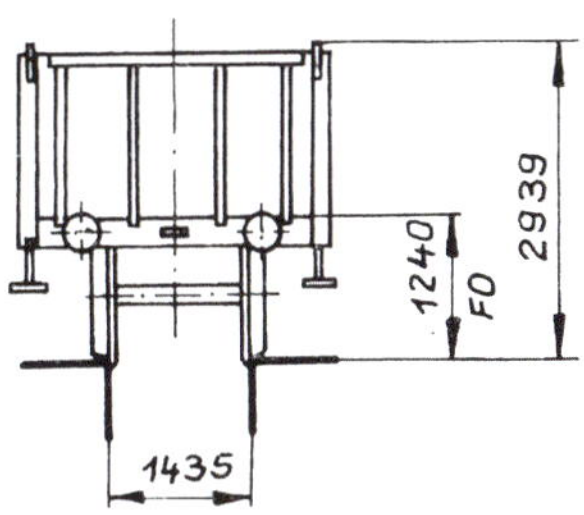

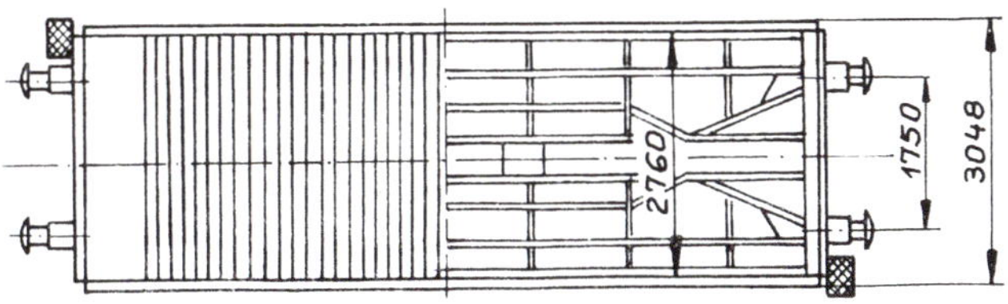

tenrungen. Dafür wurden U-Profile verwendet. In der Mitte jeder Seitenwand befand sich eine zweiflügelige Drehtür, die durch Haken in geöffneter Stellung festgelegt werden konnte. Unter den Türen gab es kurze Trittbügel. Kopfklappen aus Stahl ermöglichten das Entladen auf Kippanlagen. Der Fußboden bestand komplett aus Kiefernholzbohlen.

Eas [5968] (Dok 5335)

Anfang der 1980er Jahre lieferte der Waggonbau Niesky 300 vierachsige Hochbordwagen an die Reichsbahn, die sie als Eas [5968] in ihren Bestand einreihte. Sie waren die ersten Wagen mit UIC-Abmessungen, die die Reichsbahn in Betrieb nahm. Allerdings wich die Ausführung des Wagenkastens nicht von den UIV-Vorgaben ab. Der Aufbau hatte noch wie bei den Vorgängern der Bauart Eals [5910] und Eals-x [5090] vier Zwischenrungen in den mittleren Seitenwänden und gewölbte Stirnklappen.

Die hochbordigen Vierachser dienten bevorzugt dem Transport witterungsunempfindlicher Güter wie Rohbraunkohle, Briketts, Sand, Kies, Schotter und ähnlicher Schüttgüter, aber auch von Schrott, Stückgütern und Ladeeinheiten.

Die Drehgestelle gehörten zur Bauart 8659 (Y 25 Cs 2) mit H-Rahmen und Kopfstücken. Sie hatten Schraubenfedern und Zylinderrollenlager.

Die Bremse der Bauart Knorr KE-GP mit zweistufiger, manueller Lastabbremsung war mit einem Bremszylinder ausgestattet. Ein Teil der Wagen erhielt eine Feststellbremse, die sich vom Boden aus mit einem Handrad am Langträger bedienen ließ.

Die geteilte Zugvorrichtung hatte normale Schraubenkupplungen und Zughaken mit Puffern der Hochleistungsbauart Ringfeder.

Länge über Puffer (mm)	14.040
Ladelänge (mm)	12.710
Ladebreite (mm)	2.760
Ladehöhe (mm)	2.100
Ladefläche (m^2)	36
Laderaum (m^3)	72
Eigenmasse (kg)	21.500
Lastgrenzen (kg)	
A	42.500
B1	48.500
B2C	50.500
C	58.500
Höchstgeschwindigkeit (km/h)	120
Drehgestellbauart	8659 (Y 25 Cs 2)
Radsatzstand im Drehgestell (mm)	1.800
Radsatzstand (mm)	10.800
Bremse	KE-GP
Erstes Baujahr	1980

Der Wagenkasten war als Schweißkonstruktion mit durchlaufendem Oberrahmen ausgeführt. Für die Stirn- und Seitenwandbeblechung sowie die Seitenwanddrehtüren kam Stahl der Güte St 38 und St 52 zur Anwendung. Die unteren Seitenwandvouten bestanden aus 6 mm dickem und korrosionsträgem Stahl der Güte KT 50. Der Wagenkasten mit seinen beiden Seitenwänden mit je zwei Türen und den beiden Stirnwänden wurde durch vier Ecksäulen gehalten, welche mit dem Untergestell verbun-

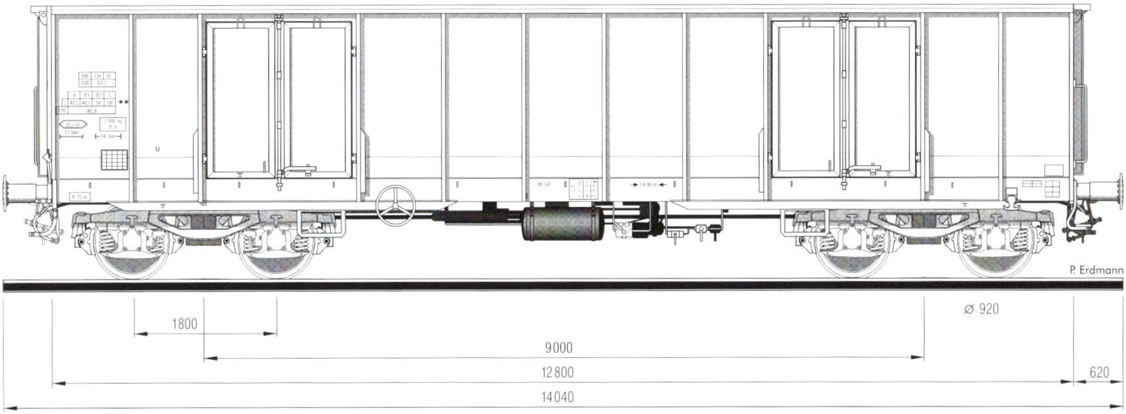

den waren. Die Seitenwände wurden zusätzlich durch je zwei zentrale Säulen und vier Türsäulen stabilisiert, die ebenfalls mit dem Untergestell verbunden waren. Durchgehend ausgeführt war der Oberrahmen über den Türen und die Stirnwände waren als Kopfklappen ausgebildet. Die Wagen besaßen einen im äußeren Bereich aus Holz bestehenden Fußboden, wobei zwischen den Innenlangträgern Stahlbleche verwendet wurden.

Eas [5949, 5971] (Dok 5334, 5338)

Die hier vorgestellten, aus Frankreich stammenden offenen Vierachser wurden in zwei großen Serien beschafft. Die 1981 und 1982 gelieferten ca. 3.000 Exemplare wurden von der Reichsbahn als Eas [5949] eingereiht. 1986 folgten noch einmal 450 Wagen, die als Eas [5971] bezeichnet wurden. Sie unterschieden sich durch einen Fußboden aus Holzbohlen und Riffelblechen aus Stahl von den Eas [5949], die mit einem reinen Holzfußboden ausgestattet wurden.

1994 übernahm die Deutsche Bahn AG knapp 3.000 Exemplare von der Reichsbahn und bezeichnete sie als Eas 066 (Holzfußboden) und Eas-x 066 (Holz-/Stahlfußboden).

In den Wagen wurden außer witterungsunempfindlichen Schüttgütern auch Stückgüter wie Holz und Schrott, aber auch schwere Einzellasten befördert.

Die zweiachsigen Drehgestelle der Bauarten 8659 (Y 25 Cs 2) bei den Eas [5971] oder 8561 (Y 25 Rs) bei den Eas [5949] hatten rollengelagerte Vollradsätze und zweistufigen Schraubenfedersätze.

Alle Wagen waren mit einer Druckluftbremse der Bauart Knorr KE-GP ausgestattet. Ein Teil der Eas hatte eine Feststellbremse, die sich mit einem Handrad vom Boden aus bedienen ließ. Die Schweißkonstruktion des Untergestells bestand aus Blechen, Walzprofilen und Breitflachstahl. Für den ebenfalls geschweißten Aufbau verwendeten die Konstrukteure senkrechte Stahlrungen, die mit einem durchlaufenden

Länge über Puffer (mm)	14.040
Ladelänge (mm)	12.800
Ladebreite (mm)	2.760
Ladehöhe (mm)	2.100
Ladefläche (m^2)	35
Laderaum (m^3)	72
Eigenmasse (kg)	21.800
Lastgrenzen (kg)	
AS	42.000
B1S	48.000
B2S	50.000
CS	58.000
CM	62.000
D	62.000
Höchstgeschwindigkeit (km/h)	120
Bremse	KE-GP
Drehgestellbauart	8659 (Y 325 Cs)[1]
	8671 (Y 25 Rs)[2]
Radsatzstand im Drehgestell (mm)	1.800
Radsatzstand (mm)	10.800
Erstes Baujahr	1981
1) Eas [5971]	
2) Eas [5949]	

Oberrahmen verbunden waren. Die oberen Seitengurte waren untereinander durch zwei Endtraversen verbunden, die Wandsegmente mit Blechen verkleidet. Auf jeder Seite hatten die Hochbordwagen zwei doppelflügelige Drehtüren für die Be- und Entladung. Die Kopfklappen ruhten oben in zwei am Wagenkasten angeschweißten Lagern. Sie wurden durch zwei Sicherungslaschen festgehalten. Die Kniewelle war in acht an der Kopftraverse angeschweißten Auflagen gelagert. Ein Sicherheitshaken hielt die Riegelwelle in ihrer Lage. Wegen der Kopfklappen konnten die Wagen auf Stirn- und Kreiselkippanlagen entleert werden.

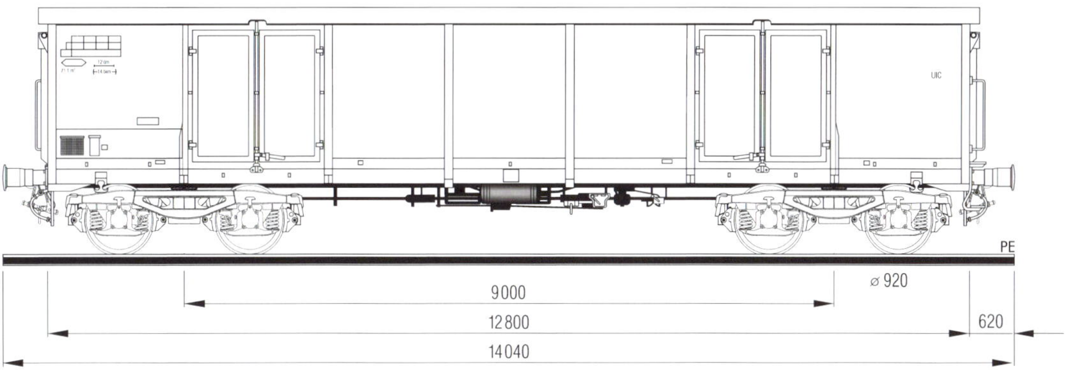

Es [5546, 5547] (Dok 5048)

Die zweiachsigen offenen Güterwagen der Bauarten Es [5546] und Es [5547] stammten von der tschechischen Waggonfabrik Vagonká Česká Lípa. Sie wurden in über 2.000 Exemplaren gebaut und gelangten ab 1982 zur Deutschen Reichsbahn der DDR. Zwar waren Anfang der 1980er Jahre Vierachsige Hochbordwagen Standard, die Reichsbahn entschied sich aber doch noch zur Beschaffung von Zweiachsern, weil nach wie vor Kunden diese Wagen benötigten. Die Wagen dienten bevorzugt zur Beförderung witterungsunempfindlicher Ladegüter wie beispielsweise Kohle, Briketts, Sand, Kies, Erz oder Schotter und entsprachen den UIC-Abmessungen vom Standardtyp 2. 1994 kamen noch zahlreiche Wagen zur DB AG und wurden dort unter der Bezeichnung Es 027 eingereiht.

Länge über Puffer (mm)	**10.000**
Ladelänge (mm)	**8.760**
Ladebreite (mm)	**2.760**
Ladehöhe (mm)	**1.500**
Ladefläche (m²)	**24,2**
Laderaum (m³)	**36,3**
Eigenmasse (kg)	**13.000**
Lastgrenzen (kg)	
AS	**19.000**
BS	**23.000**
CS	**27.000**
Höchstgeschwindigkeit (km/h)	**120**
Bremse	**KE-GP**
Radsatzstand (mm)	**6.000**
Erstes Baujahr	**1982**

Das Laufwerk hatte rollengelagerte Vollradsätze, Blatttragfedern und eine Doppelschakenaufhängung.

Alle Wagen wurden mit einer Druckluftbremse der Bauart Knorr KE-GP mit einem Bremszylinder ausrüstet. Bei den Es [5546] wurde diese um eine Feststellbremse ergänzt. Bei den Es [5547] wurde auf die Feststellbremse verzichtet.

Die geteilte Zugvorrichtung hatte einen Federapparat aus Ringfedern mit normalen Schraubenkupplungen. Es konnte aber auch eine automatische Mittelpufferkupplung eingebaut werden.

Die Stoßkräfte wurden von Ringfeder-Hülsenpuffern mit rechteckigen Pufferteller übertragen.

Das Untergestell war eine Schweißkonstruktion aus Walzstahl- bzw. Abkantprofilen und war mit einem ebnen Sprengwerk versteift. Der ebenfalls geschweißte Aufbau bestand aus senkrechten Säulen und war mit Platten aus normalem Baustrahl beblecht. Die Wanddicke betrug bis zu einer Höhe von 500 mm Fußboden-Oberkante 5 mm, darüber waren sie nur 4 mm dick. Auf jeder Längsseite war mittig eine zweiflügelige Tür eingebaut, die mit 6 mm dickem Blech verkleidet war. Eine Türverriegelung verhinderte ein selbständiges Öffnen.

Der Fußboden bestand aus 45 mm dicken Kiefer- bzw. Fichtenholzbrettern. Die an den Stirnseiten oben aufgehängten Klappen ließen sich mit Kniewellen verschließen. Deshalb konnten die Wagen auf Stirn- und Kreiselkippanlagen entleert werden.

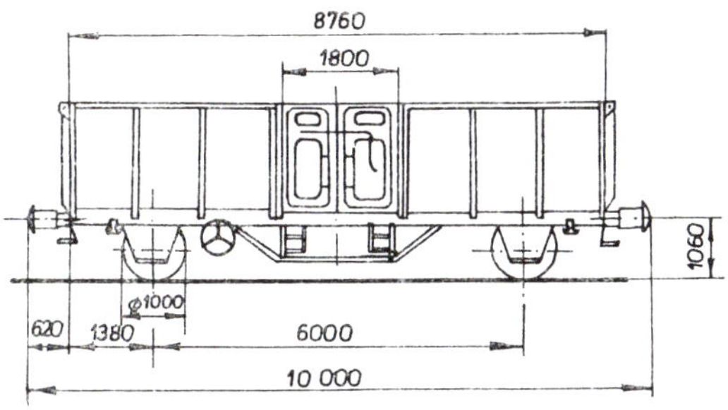

Eas [5969] (Dok 5343)

Mitte der 1980er Jahre beschaffte die Deutsche Reichsbahn der DDR eine weitere Serie vierachsiger, offener Güterwagen der Regelbauart. Sie kam aus der rumänischen Waggonfabrik Uzina de Vagoane (UV) Arad und entsprach in ihren Abmessungen den Vorgaben der UIC. Lediglich die aus Pressblech gefertigten Seitentüren wichen noch von der UIC-Bauart ab.

Die Wagen liefen auf Drehgestellen der Bauart 8664 (Y 25 Rs) mit Zylinderrollenlagern. Der geschweißte Hauptrahmen bestand aus unterschiedlichen Stahlprofilen und Blechen. Er war an beiden Stirnseiten durch Kopfstücke verstärkt. Zweistufige Schraubenfedern nahmen Bewegungen des Wagenkastens auf.

Die Druckluftbremse der Bauart Knorr KE-GP war mit einer zweistufigen Lastabbremsung mit mechanischer Umstellvorrichtung ausgestattet. Der im Untergestell aufgehängte Bremszylinder übertrug seine Kraft über das Bremsgestänge auf die Bremssohlen. Ein Viertel der Wagen war mit einer Feststellbremse ausgestattet, die über ein Handrad vom Boden aus bedient werden konnte.

Die geteilte Zugvorrichtung hatte eine Zugfeder aus Gummi-Schichtfedern und normale Schraubenkupplungen und Zughaken montiert. Diese konnten gegen eine automatische Mittelpufferkupplung ausgetauscht werden.

Länge über Puffer (mm)	14.040
Ladelänge (mm)	12.800
Ladebreite (mm)	2.760
Ladehöhe (mm)	2.105
Ladefläche (m²)	35
Laderaum (m³)	72
Eigenmasse (kg)	22.500
Lastgrenzen (kg)	
AS	41.500
B1	47.500
B2	49.500
C	57.500
Höchstgeschwindigkeit (km/h)	120
Bremse	KE-GP
Drehgestellbauart	8664 (Y 25 Rs)
Radsatzstand im Drehgestell (mm)	1.800
Radsatzstand (mm)	10.800
Erstes Baujahr	1985

Die Hochleistungspuffer der Bauart Ringfeder entsprachen mit ihren rechteckigen Puffertellern der Ausführung nach UIC-Merkblatt 526-1, Kategorie A mit Gummifedern.

Der Rahmen des geschweißten Untergestells bestand aus Lang-, Quer- und Pufferträgern aus Blechen und Breitflachstahl-Profilen.

Die Eck-, Tür- und Zwischenrungen des geschweißten Wagenkastens entsprachen den Vorgaben der UIC. Um das Ausbeulen der Wände zu verhindern, waren die Rungen im unteren Bereich verstärkt. Zwei doppelte Flügeltüren an jeder Längsseite ermöglichten das Be- und Entladen. Diese waren noch abweichend von den UIC-Vorgaben aus Pressblech gefertigt.
Weil die Wagen auch zur Beförderung loser Schüttgüter vorgesehen waren, hatten sie an beiden Seiten Stirnwandklappen. Die Klappen waren oben am Kasten aufgehängt und wurden unten verriegelt.
Der Fußboden war in Segmentbauweise hergestellt und bestand zum überwiegenden Teil aus Stahlblech. Für den Rest des Bodens wurden Holzbohlen verwendet.
Tritte, Griffe, Seilhaken und Signalstützen entsprachen den internationalen Vorgaben.

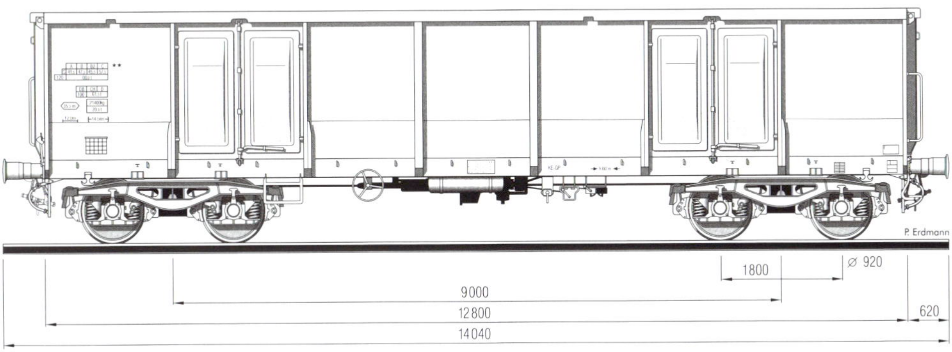

Eas [5948] (Dok 5383)

Der internationale Eisenbahnverband UIC (Union internationale des chemins de fer) legte Mitte der 1980er Jahre Eckdaten für vierachsige offene Güterwagen mit einer Länge von 15.470 mm fest. Gegenüber den nur 14.040 mm langen Wagen waren nun höhere Lastgrenzen in einem Fahrzeug und somit ein kostengünstigerer Transport möglich.

Kurz nach der Bekanntgabe der Eckdaten bestellte die Deutsche Reichsbahn der DDR erste Fahrzeuge dieses Typs. Zum einen sollten mit den Wagen älterer Bauarten abgelöst werden, zum anderen waren die neuen Wagen international freizügig einsetzbar.

1987 bestellte die Reichsbahn dann in Rumänien bei UV Arad und reihte sie als Eas [5948] in ihren Bestand ein. Die Wagen waren vorzugsweise für den Transport von witterungsunempfindlichen Schüttgütern und Schrott vorgesehen.

Die geschweißten Drehgestelle gehörten zur Bauart 8668 (Y 25 Ls) mit H-Rahmen und Kopfstücken. Sie hatten doppelte Schraubenfedern und rollengelagerte Radsätze.

Die Bremse der Bauart Knorr KE-GP hatte einen Bremszylinder, der über das Gestänge und den Gestängesteller auf die einfachen Bremssohlen wirkte. Die zweistufige Lastabbremsung musste manuell umgestellt werden. Ein Viertel der Wagen war mit einer bodenbedienbaren Feststellbremse ausgerüstet.

Länge über Puffer (mm)	**15.740**
Ladelänge (mm)	**14.500**
Ladebreite (mm)	**2.760**
Ladehöhe (mm)	**2.105**
Ladefläche (m²)	**40**
Laderaum (m³)	**83**
Eigenmasse (kg)	**24.000**
Lastgrenzen (kg)	
A	**40.000**
B	**48.000**
C	**58.000**
D	**66.000**
Höchstgeschwindigkeit (km/h)	**120**
Bremse	**KE-GP**
Drehgestellbauart	**8668 (Y 25 Ls)**
Radsatzstand im Drehgestell (mm)	**1.800**
Radsatzstand (mm)	**12.500**
Erstes Baujahr	**1987**

Die Zugvorrichtung war mit Gummischichtfedern ausgestattet und mit normalen Zughaken und Schraubenkupplungen bestückt. Diese konnten aber gegen eine automatische Mittelpufferkupplung getauscht werden können.

Das Untergestell aus Langträgern, Querträgern und den Kopfstücken war eine Schweißkonstruktion unter Verwendung unterschiedlicher Profile und Bleche.

Der Wagenkasten mit seinen senkrechten Rungen bestand aus den beiden Seitenwänden mit je zwei Türen und den beiden Kopfklappen, die ausgehängt werden konnten. Der Oberrahmen an den Längsseiten war durchgängig ausgebildet. Die Seitenwände waren bis zu einer Höhe von ca. 500 mm Höhe 5 mm dick, darüber sind es nur 4 mm. Die aus Pressblechen gefertigten Drehtüren hatten eine Dicke von 5 mm. Sie wurden später gegen Drehtüren nach UIC-Standard ausgetauscht.

Die Kopfklappen wurden im Oberrahmen angelenkt und unten durch eine Kniewelle arretiert. So konnten die Wagen mit Kippanlagen entleert werden.

Die Wagen hatten einen gemischten Fußboden aus Holzbohlen und Stahlplatten.

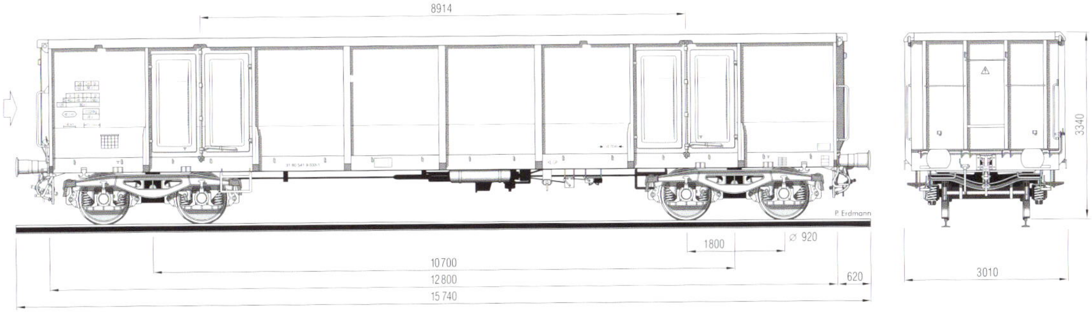

Fal [6551] (Dok 0757)

Die offenen Selbstentladewagen der Bauart OOt 47.144 (Fal [6551]) sind eine Weiterentwicklung der Bauarten OOt 47.42 und OOt 47.43. Die in zwei Serien gebauten, insgesamt 300 Wagen kamen ab 1956 von der Waggonfabrik Gotha in den Bestand der Reichsbahn.

Die Wagen unterschieden sich besonders durch dünnere Bleche von den Vorgängern. Sie sind etwa 500 kg leichter. Um dies zu erreichen, mussten unter anderem die Entladeklappen unten durch senkrechte Blechdreiecke ausgesteift werden.

82 Exemplare kamen Anfang 1994 noch zur Deutschen Bahn AG, die sich 1996 von den letzten Wagen dieser Bauart trennte.

Für die Wagen verwendete der Hersteller geschweißte Drehgestelle der leichten Bauart 965 Niesky aus dem VEB Waggonbau Niesky mit siebenlagige Blatttragfedern und Federlaschen. In den Pressblechwangen liefen rollengelagerte UIC-Radsätze.

Die Hildebrandt-Knorr-Druckluftbremse Hik-G hatte einen Bremszylinder, eine zweistufige Lastabbremsung mit Lastwechsel und einen Bremsgestängesteller. Eine Feststellbremse legte beide Drehgestelle fest.

Die durchgehende Zugeinrichtung mit zwei Evolutfedern war mit normalen Schraubenkupplungen und Zughaken ausgestattet. Die Ringfeder Hülsenpuffer entsprachen TGL-Vorgaben.

Das geschweißte Untergestell aus unterschiedlichen Stahlprofilträgern und -blechen bildete einen Sattel mit einer Neigung von 55°. Es war an einem Ende um eine Übergangsbühne mit Bremserhaus verlängert. Die Bremserhäuser wurden im Laufe der Zeit abmontiert.

Damit das Ladegut bei tiefen Temperaturen nicht am Wagenboden festfrieren kann, wurden die Wagen nachträglich mit einer Dampfheizung ausgerüstet.

Die Ladeklappen wurden unten mit Daumenwellen verschlossen. Dabei waren jeweils zwei gegenüberliegende Klappen durch einen Verschluss gesichert. Die Verschlüsse konnten mit Druckstangen von seitlichen Laufstegen aus geöffnet und geschlossen werden.

Länge über Puffer (mm)	**12.740**
Ladelänge (mm)	**11.306**
Ladebreite (mm)	**2.000**
Laderaum (m³)	**69**
Eigenmasse (kg)	**27.000**
Lastgrenzen (kg)	
A	**34.000**
B1	**36.500**
B2	**45.000**
D	**52.000**
Höchstgeschwindigkeit (km/h)	**80**
Bremse	**Hik-G**
Drehgestellbauart	**965 (Niesky)**
Radsatzstand im Drehgestell (mm)	**2.000**
Radsatzstand (mm)	**8.700**
Erstes Baujahr	**1956**

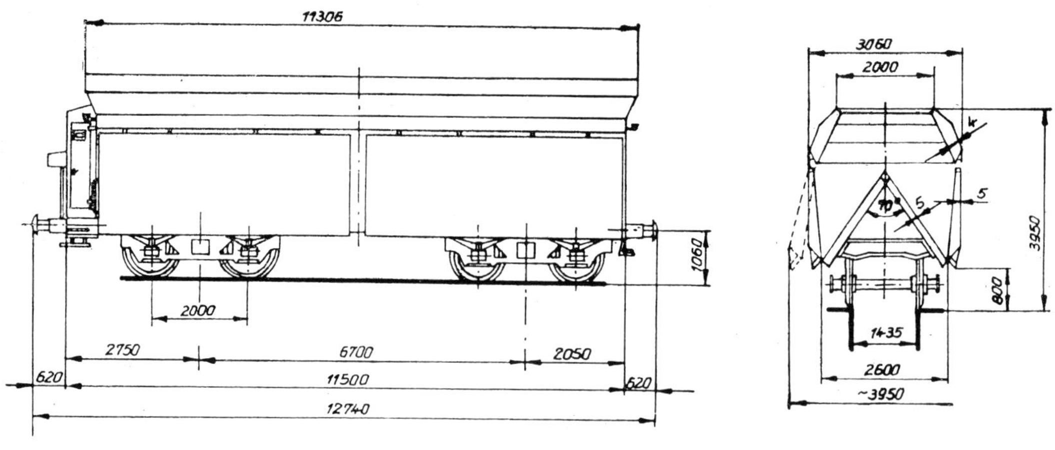

Fall [6577] (Dok 0758)

Die vierachsigen offenen Sattelboden-Selbstentladewagen waren für den Transport von nässeunempfindlichen Schüttgütern, wie Braunkohle, Braunkohlenbriketts, Hochofenkoks und Steinkohle vorgesehen. Die Reichsbahn beschaffte sie in den Jahren 1957 und 1958 vom rumänischen Waggonbauer UV Georg Dimitroff in Arad. Es wurden 400 Wagen zunächst als OOmtu 47 und später als Fad 6780 in den Bestand eingereiht. UIC-gerecht hießen sie später Fall [6577].

Die Fahrzeuge hatten zweiachsige, gegossene Diamonddrehgestelle rumänischer Bauart mit Gleitlagerradsätzen und Vollradsätzen.

An den Stirnseiten waren normale Schraubenkupplungen mit Zughaken und Hülsenpuffer der Bauart Ringfeder mit runden Puffertellern montiert. Die durchgehende Zugvorrichtung hatte Kegelfedern und war mit normalen Schraubenkupplungen und Zughaken bestückt.

Die Bremse gehörte zur Bauart Hildebrandt-Knorr Hik-GP mit mechanischer Lastabbremsung. Ein Bremszylinder wirkte über Grauguss-Bremssohlen auf alle Räder.

In der Mitte der Seitenwände waren zweiflügelige Drehtüren integriert. Im unteren Bereich befanden sich über die gesamte Seitenwand Seitenklappen, die durch Daumenwellenverschlüsse verriegelt werden mussten. Beide Stirnwände waren fest mit dem Untergestell verschweißt. Der Wagenboden war mit Klappen, die durch Hochstellen einen Sattelboden ergeben, versehen.

Für das Befahren mit Flurförderfahrzeugen war der Wagenboden wegen der hoch liegenden Langträger ungeeignet. Das Beladen konnte mit Greifern, Krane und Förderbänder oder aus Hochbunkeranlagen erfolgen. Das Entladen erfolgte durch die Schwerkraft des Ladegutes durch die Seitenwandklappen in Tiefbunker oder bei flachem Wagenboden mit Greifern oder manuell durch die Seitenwandtüren.

Länge über Puffer (mm)	13.740
Ladelänge (mm)	12.400
Ladebreite (mm)	2.830
Ladehöhe (mm)	1.830
Ladefläche (m^2)	35
Laderaum (m^3)	63
Eigenmasse (kg)	27.000
Lastgrenzen (kg)	
AS	37.000
B1	41.500
B2	45.000
C	52.000
Höchstgeschwindigkeit (km/h)	80
Bremse	Hik-G
Drehgestellbauart	965 (Diamond)
Radsatzstand im Drehgestell (mm)	2.000
Radsatzstand (mm)	9.500
Erstes Baujahr	1957

Fc(s) [6340, 6342, 6451, 6453] (Dok 5200 – 5203)

Außer Neuwagen, die die Reichsbahn im In- und Ausland beschaffte, gehörten auch Fahrzeuge, die sie gebraucht von unterschiedlichen Bahnverwaltungen kaufte, zum Güterwagenpark der DR. Mit ihnen sollten kurzfristig auftretende Engpässe überbrückt werden. Dazu gehören die hier vorgestellten zweiachsigen Selbstentladewagen der Bauarten Fc [6340], Fc [6342] und Fcs [6451]. Sie kamen in den 1980er Jahren von der Deutschen Bundesbahn, die sie als Otmm 57 (Fc 086, Fcs 086) und Otmm 61 (Fc 087) im Bestand hatte. Die Reichsbahn kaufte knapp 3.000 Exemplare beider Typen.

1994 übernahm die Deutsche Bahn AG noch über 1.700 Fahrzeuge, zeichnete sie aber nicht mehr um, sondern mustert sie bis 1998 komplett aus.

Länge über Puffer (mm)	9.140
Ladelänge (mm)	7.860
Ladebreite (mm)	1.940
Laderaum (m³)	33,5
Eigenmasse (kg)	10.500–11.700
Lastgrenzen (kg)	
A	20.500, 21.500[1)]
B	24.500, 25.500[1)]
C	28.500, 29.500[1)]
Höchstgeschwindigkeit (km/h)	80, 100[2]
Bremse	Hik-G, KE-GP[2)]
Radsatzstand (mm)	5.500
Erstes Baujahr	1957
[1)] Wagen mit Druckluftleitung	
[2)] Fcs	

Die Fahrzeuge liefen auf rollengelagerten Radsätzen der Bauart 88 nach UIC-Vorgaben mit Vollradsätzen, achtlagigen Blatttragfedern und einfachen Rechteckschaken. Die Druckluftbremse der Baurat KE-G hatte einen Bremsgestängesteller vom Typ R 6 oder DRV 2. Einige waren mit einer Handspindelbremse mit Kurbelbedienung ausgestattet. Es gab auch Leitungswagen ohne eigen Bremse. Ab 1970 wurde ein Teil der Wagen mit einem GP-Wechsel nachgerüstet. Damit konnte die Höchstgeschwindigkeit auf 100 km/h heraufgesetzt werden. Gleichzeitig wurden diese Wagen für den Einbau einer automatischen Kupplung vorbereitet.

Die Kopfträger waren mit Schraubenkupplungen und Ringfeder-Hülsenpuffer bestückt.

Das Untergestell nach UIC-Vorgaben bestand Walzprofilen. Der muldenförmige Wagenkasten war verschweißt. Die Neigung der Seitenwände betrug 45°, die der Stirnwände 55°. Auf jeder Seite gab es zwei Verschlussschieber, mit denen Wagen entladen werden konnten. Die Rundschieber konnten mit Handhebeln von der Stirnbühne aus geöffnet und geschlossen werden. Unter den Entladeöffnungen waren schwenkbare Gleitbodenverlängerungen angebracht. Bindeösen dienten zur Befestigung von Planen.

Fal [6559] (Dok 0755)

Die OOmtu-Wagen mit selbsttätiger Entladeeinrichtung dienten zur Beförderung von witterungsunempfindlichen losen Schüttgütern wie Kohle oder Erze. Gebaut wurden die Fahrzeuge zwischen 1958 und 1960 in Polen.

Die zweiachsigen Drehgestelle der Bauart Niesky waren mit Vollradsätzen mit Rollenlagern nach UIC-Vorgaben ausgestattet. Der Achslagermittenabstand betrug 2.000 mm, der Laufkreisdurchmesser 1.000 mm. Siebenlagige Blatttragfedern nach TGL und einfache Schaken verbinden die Achslagergehäuse mit dem Drehgestellrahmen.

Das diagonalsteife Untergestell bestand aus Profilträgern in Schweißkonstruktion und war in Ganzstahlbauweise ausgeführt. Die Kopfstücke sind angeschweißt.

Die Wagen hatten geteilte Zugeinrichtungen mit je zwei Evolutfedern und Schraubenkupplungen mit Zughaken. Hülsenpuffer mit Ringfedern nach TGL 7138 dienten zur Übertragung der Stoßkräfte.

Die Druckluftbremse der Bauart Hik-G hatte ein Steuerventil vom Typ Hikgl, einen Bremszylinder, einen mechanischen Lastwechsel, einen doppeltwirkenden Bremsgestängesteller und Bremsklötze aus Grauguss. Alle Wagen waren mit einer Handbremse ausgerüstet. Die Hand- und die Druckluftbremse wirkten doppelseitig auf alle Räder. Die Bremserbühne war von beiden Seiten zugängig.

Der Wagenkasten aus 4 mm dickem Stahlblech war eine durch Walzprofile verstärkte Schweißkonstruktion. Der Laderaum wurde durch eine in der Mitte des Wagens vorhandene Trennwand in zwei Kammern geteilt. Auf jeder Seite befanden sich zwei Entladeklappen mit einer Öffnungsweite von je 5.350 x 1.500 mm. Die Entladeklappen, deren Unterkante 910 mm über der Schienenoberkante liegt, wurden durch Daumenwellen gesichert.

Die Klappenverschlusseinrichtung war so konstruiert, dass entweder jede Entladeklappe einzeln oder zwei gegenüberliegende Klappen gleichzeitig mit einem Vierkantsteckschlüssel oder Dorn geöffnet werden konnten. Beim Schließen musste jede Klappe einzeln bedient werden.

In der Mitte des Wagens befand sich an jeder Seite ein Aufstieg, der zum Wageninneren führte. An beiden Stirnseiten waren Kupplergriffe und UIC-Signalstützen montiert. Am Nichtbremsende befanden sich zwei Ecktritte.

Länge über Puffer (mm)	**14.600**
Ladelänge (mm)	**12.392**
Ladebreite (mm)	**2.594**
Laderaum (m^3)	**69**
Eigenmasse (kg)	**26.100**
Lastgrenzen (kg)	
A	**37.500**
B	**45.500**
C	**53.500**
Höchstgeschwindigkeit (km/h)	**80**
Bremse	**Hik-G**
Drehgestellbauart	**959**
Radsatzstand im Drehgestell (mm)	**2.000**
Radsatzstand (mm)	**10.450**
Erstes Baujahr	**1958**

Fac [6841] (Dok 5425)

Die vierachsigen Gleisschotterwagen Fac [6841] gehörten zu den Selbstentladewagen mit geneigten Stirn- und Seitenwänden. Sie wurden in mehreren Baulosen von den Waggonfabriken in Sarajewo (Jugoslawien) und La Bourgeoise et Nivelles in Brügge (Belgien) gefertigt und ab 1963 von der Deutschen Reichsbahn überwiegend in internen Diensten eingesetzt. Bei Bedarf wurden sie aber Kunden der Bahn zur Verfügung gestellt.

Die Drehgestelle gehörten zur Bauart Niesky mit einem Stahlrahmen aus unterschiedlichen Profilen und Blechen. Die Vollradsätze wurden in Zylinderrollenlagern geführt und waren über siebenlagige Blatttragfederpakete und einfache Federlaschen mit dem Rahmen verbunden. Für den Einsätze auf Breitspurgleisen konnten Spurwechselradsätze montiert werden.

Die ersten beiden Bauserien waren mit Bremsen der Bauart Knorr KE-G, ausgestattet, bei der dritten Serie verwendete man die Bauart KE-GP mit zweistufigem Lastwechsel. Alle Wagen hatten eine Feststellbremse mit Kurbelantrieb, die auf beide Drehgestelle wirkte. Zusätzlich gab es einen Notbremshahn an der Arbeitsbühne.

Normale Schraubenkupplungen und Zughaken bildeten die Zugeinrichtung. Dazu gehörten Ringfeder-Hülsenpuffer.

Der trichterförmige Wagenkasten war aus Blechen zusammengeschweißt und mit gewalzten Profilen verstärkt. Im unteren Bereich wurde er durch einen Quersattel in zwei Entladetrichter geteilt. Die Neigung der Stirn-, Boden- und Sattelflächen betrug 45°. Die Entladeöffnungen ließen sich durch Wölbschieber mit Hebeln und Wellen von der Bühne aus einzeln und unabhängig voneinander öffnen und schließen und in mehreren Stufen arretieren. Unter den Entladeöffnungen waren Gleitbleche montiert, die durch schwenkbare Gleitbodenverlängerungen ergänzt werden konnten.

Über 670 Wagen kamen 1994 noch zur Deutschen Bahn AG und wurden als Fac 135 bezeichnet. Die meisten wurde 1996 an Kirow Leipzig verkauft, verschwanden aber bis 2005 aus den Bestandslisten.

Länge über Puffer (mm)	13.000
Ladelänge (mm)	7.800
Ladebreite (mm)	2.230
Laderaum (m^3)	32
Eigenmasse (kg)	22.500
Lastgrenzen (kg)	
A	41.000
B1	43.500
B2	49.000
C	56.000
Höchstgeschwindigkeit (km/h)	80
Bremse	KE-G(P)
Drehgestellbauart	962 (Niesky)
Radsatzstand im Drehgestell (mm)	2.000
Radsatzstand (mm)	9.500
Erstes Baujahr	1963

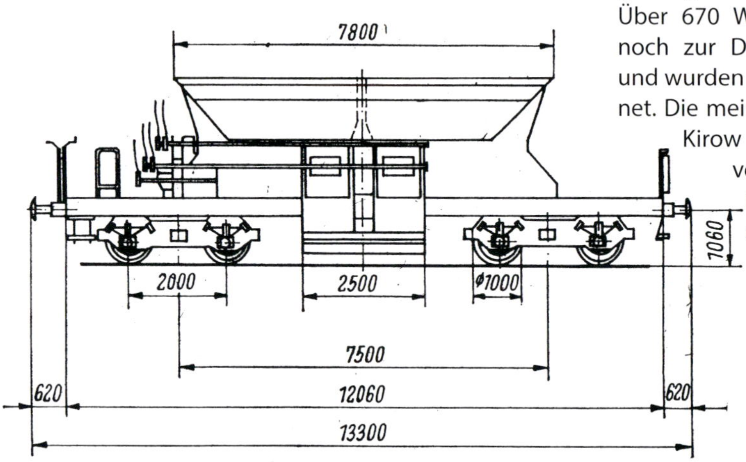

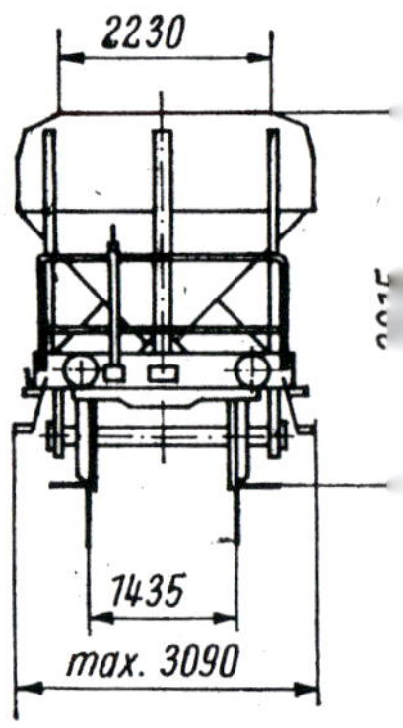

Fal(-zz) [6553, 6555] (Dok 0848)

Die vierachsigen Selbstentladewagen der Bauart Fad [6772] wurden ab 1965 von der Deutschen Reichsbahn in den Bestand aufgenommen. Sie kamen von der Waggonfabrik Konstal Chorzow in Polen und dienten zur Beförderung nässeunempfindlicher schwerer Schüttgüter wie Kohle oder Eisenerz.

Die Drehgestelle der Bauart 962 Niesky waren mit Vollradsätzen und Rollenachslagern nach den Vorgaben der UIC ausgestattet. Siebenlagige Blattfedern und einfache Laschen verbanden die Achslagergehäuse mit dem Drehgestellrahmen. Die Wagen waren umsetzfähig und es konnten Spurwechselradsätze für Breitspurgleise eingebaut werden.

Die Druckluftbremse gehörte zur Bauart KE-GP mit zweistufiger Lastabbremsung, einem Bremszylinder und einfachen Bremssohlen. Die Feststellbremse konnte über eine Kurbel von der Endbühne aus bedient werden.

Die durchgehende Zugeinrichtung war mit normalen Schraubenkupplungen und Zughaken bestückt, die gegen eine automatische Mittelpufferkupplung ausgetauscht werden konnten. Die Hülsenpuffer gehörten zur Bauart Ringfeder und hatten runde Teller.

Das Untergestell war eine Fachwerkkonstruktion mit einem erhöht angeordneten Mittelangträger, so dass der Wagenboden eine zu den Klappen hin abfallende Pyramide mit einem Neigungswinkel von 55° zur Waagerechten bildete.

Der geschweißte Wagenkasten war komplett aus Stahlblechen hergestellt, die die beiden Stirnwände, den pyramidenförmigen Oberkasten und die vier Entladeklappen bildeten.

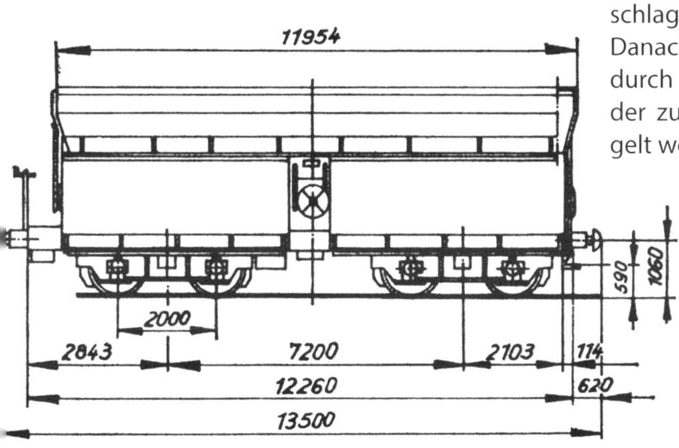

Länge über Puffer (mm)	13.500
Ladelänge (mm)	11.954
Ladebreite (mm)	1.950
Laderaum (m³)	75
Eigenmasse (kg)	51.500
Lastgrenzen (kg)	
A	37.500
B1	41.000
B2	45.500
CS	53.500
Höchstgeschwindigkeit (km/h)	80
Bremse	KE-GP
Drehgestellbauart	962 (Niesky)
Radsatzstand im Drehgestell (mm)	2.000
Radsatzstand (mm)	9.200
Erstes Baujahr	1965

Eine Quertrennwand teilte den Laderaum in zwei gleichgroße Kammern. Die Entladeklappen waren oben am Oberkasten aufgehängt. Sie wurden über einen Kurbeltriebverschluss verschlossen, der sowohl mit Handrädern als auch pneumatisch betätigt werden konnte. Das Ladegut drückte die Klappen auf und rutschte durch die Schwerkraft schlagartig aus den Wagen. Danach fielen die Klappen durch die Schwerkraft wieder zu und konnten verriegelt werden.

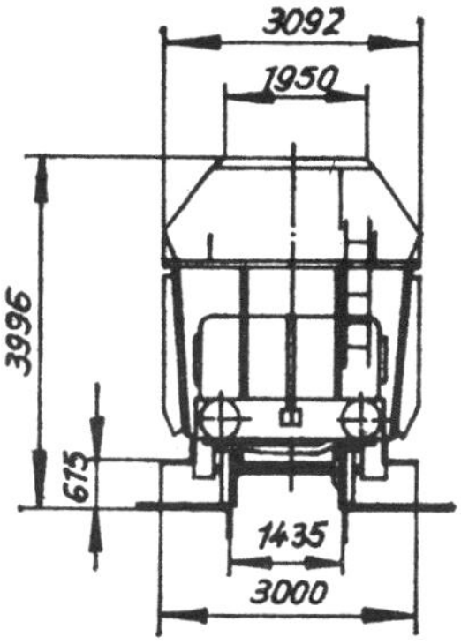

Fcs [6450] (Dok 5200)

Ende der 1960er Jahre bestellte die Deutsche Reichsbahn der DDR bei der Deutschen Waggon- und Maschinenfabrik (DWM) in Berlin zweiachsige offene Selbstentladewagen zur Beförderung von nässeunempfindlichen Schüttgütern wie Kohle oder Schotter. Ab 1968 entstanden 1.375 Wagen, die in ihren Hauptabmessungen den Vorgaben des UIC-Merkblattes 571-3 entsprachen. Die Reichsbahn reihte die Wagen zunächst als Ommstu 45.02 und später als Fcs [6450] ein.

Nach der Gründung der Deutschen Bahn AG 1994 kamen 1.349 Fahrzeuge in ihren Bestand und wurden dort als Fcs 084 bezeichnet. 2009 wurden die Letzten aus dem Verkehr gezogen.

Die zweiachsigen Selbstentlader hatten ein überkritisches Laufwerk mit in Rollenachslagern geführten Monobloc-Radsätzen. Achtlagige Pakete aus Blatttragfedern und Doppelschaken verbanden die Achslagergehäuse mit den Federböcken am Untergestell.

Die Druckluftbremse der Bauart KE-GP war mit einer zweistufigen mechanischen Lastabbremsung ausgestattet. Bei einem Viertel der Wagen kam eine Feststellbremse hinzu, die sich mit einer Kurbel von der Stirnbühne aus bedienen ließ.

Die durchgehende Zugvorrichtung mit ihren Kegelfedern war mit normalen Schraubenkupplungen und Zughaken bestückt. Diese konnten aber gegen eine automatische Mittelpufferkupplung austauscht werden.

Länge über Puffer (mm)	9.640
Ladelänge (mm)	8.800
Ladebreite (mm)	1.940
Laderaum (m³)	40
Eigenmasse (kg)	11.500–12.000
Lastgrenzen (kg)	
AS	20.000
BS	24.000
CS	28.000
Höchstgeschwindigkeit (km/h)	120
Bremse	KE-GP
Radsatzstand (mm)	6.000
Erstes Baujahr	1968

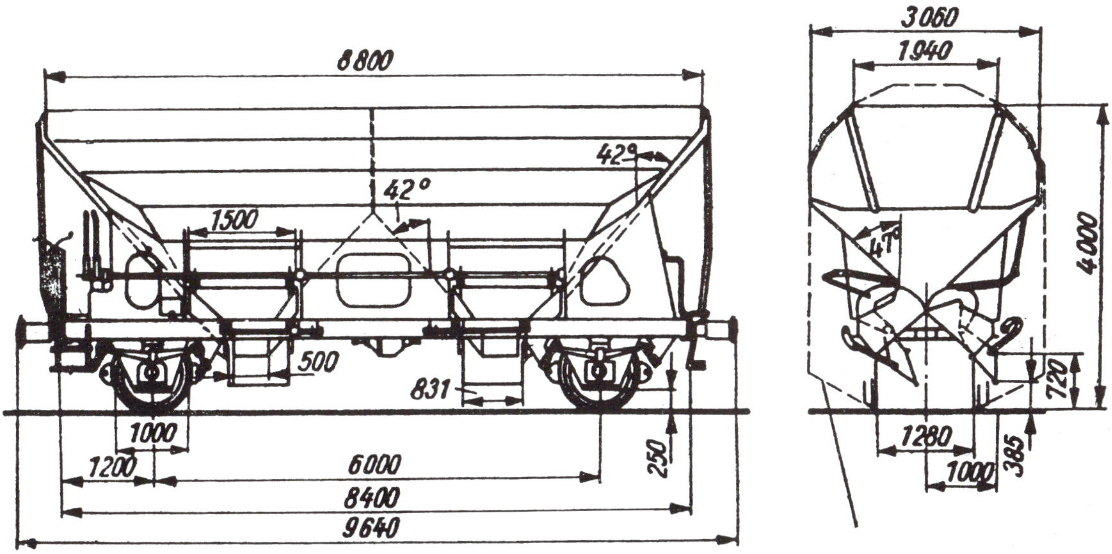

Hülsenpuffer der Bauart Ringfeder mit runden Puffertellern dienten zur Übertragung von Stoßkräften.

Das geschweißte Untergestell bestand aus Langträgern, Querträgern und den beiden Untergestellvorbauten. An einer Stirnseite war eine Arbeitsbühne montiert.

Der geschweißte Wagenkasten wurde aus korrosionsträgem Stahl hergestellt. Ein Quersattel in der Mitte trennte den Laderaum in zwei gleichgroße Kammern. Wölbschieber verschlossen die vier Entladeöffnungen. Sie konnten unabhängig voneinander manuell geöffnet und geschlossen werden. Die Schieberöffnung ließ sich in Rasterstufen von 25 mm vergrößern oder verkleinern. Unter den Schiebern waren feste Auslaufrutschen montiert. Sollte das Ladegut aus dem Gleisbereich herausgeleitet werden, konnten bewegliche Gleitbodenverlängerungen ausgeschwenkt werden.

Fcs [6453] (Dok 5201)

In den Jahren 1971 und 1972 lieferte der französische Waggonbauer ANF Frangeco für den Transport witterungsunempfindlicher Güter wie Braunkohle, Braunkohlenbriketts, Hochofenkoks oder Steinkohle etwa 3.900 zweiachsige offene Selbstentladewagen an die Deutsche Reichsbahn der DDR, die die Fahrzeuge als Fcs [6453] in ihren Wagenpark einreihte. Von der Deutschen Bahn AG bekamen sie 1994 die Bezeichnung Fcs 088.

Das überkritische Laufwerk entspricht den UIC-Vorgaben und ist mit Vollradsätzen und Zylinderrollenlagern ausgestattet. Lagergehäuse und Federböcke am Untergestell sind über achtlagige Blatttragfedern und Doppelschaken miteinander verbunden.

Die Druckluftbremse der Bauart Knorr KE-GP hatte nur einen Bremszylinder. Bei Wagen mit Feststellbremse ließ sich diese mit einer Handkurbel von der Übergangsbühne aus bedienen. Die geteilte Zugvorrichtung ist mit zwei in Reihe geschalteten Evolut-Kegelfederapparaten, normalen Zughaken und Schraubenkupplungen ausgestattet. Dank einer Federbeinabstützung kann eine automatische Mittelpufferkupplung eingebaut werden. Das Untergestell wurde als stabiler Rahmen ausgeführt, durch das die Entladetrichter nach unten hindurch reichten. Oben waren senkrechte Stützbleche aufgeschweißt, die den Wagenkasten trugen.

Der komplett geschweißte Wagenkasten bildete mit seiner mittig angeordneten Trennwand zwei nebeneinanderstehende Trichter,

Länge über Puffer (mm)	**9.640**
Ladelänge (mm)	**8.000**
Ladebreite (mm)	**1.960**
Laderaum (m³)	**40**
Eigenmasse (kg)	**12.500–13.000**
Lastgrenzen (kg)	
AS	**19.000–19.500**
BS	**23.000–23.500**
CS	**27.000–27.500**
Höchstgeschwindigkeit (km/h)	**120**
Bremsen	**KE-GP**
Radsatzstand (mm)	**6.000**
Erstes Baujahr	**1971**

die unten über je zwei Wölbschieber entladen werden konnten. Die Wölbschieber wurden von einer stirnseitigen Übergangsbühne aus einzeln geöffnet und geschlossen. Klinkensperren hielten die Schieber bei unterschiedlichen Öffnungsweiten fest. So konnte die Ausflussmenge und Geschwindigkeit des Ladeguts geregelt werden. Über klappbare Auslaufrutschen gelangte das Ladegut dann auf neben den Wagen ausgestellte Förderbänder oder direkt in Tiefbunker. Mit ausgeklappten Verlängerungsrutschen durften die Wagen nicht bewegt werden, weil sie so das Umgrenzungsprofil überschritten. Zum Beladen konnten Hochbunker, Förderbänder oder Bagger genutzt werden.

Fals-zz [6650] (Dok 5428)

Vom rumänischen Waggonbauer UV Arad übernahm die Deutsche Reichsbahn in den Jahren 1976 und 1977 insgesamt 1.150 Fahrzeuge vom Typ Fals-zz [6650]. Sie waren damit die meistgebauten offenen vierachsigen Selbstentladewagen der Deutschen Reichsbahn. Die Wagen dienten zur Beförderung von Kohle und Koks. Nach der Übernahme durch die Deutsche Bahn AG wurden die Wagen als Fals(-zz) 164 eingereiht.

Die Drehgestelle gehörten zur Bauart 851 (Y 25 Cs) und waren nach den Vorgaben des UIC-Merkblatts 510-1 mit Monobloc-Radsätzen, Zylinderrollenlagern und Schraubenfedern ausgerüstet.

Die Druckluftbremse der Bauart KE-GP hatte nur einen Bremszylinder, eine zweistufige und mechanische Lastabbremsung sowie einen Bremsgestängesteller. Die Feststellbremse wurde über eine Kurbel in einem Bremserhaus an der Entladebühne bedient. Die Häuser wurden im Laufe der Zeit aber abgebaut.

Die geteilte Zugvorrichtung mit ihren Elastomerfedern trug normale Schraubenkupplungen mit Zughaken. Eine Federbeinabstützung ermöglichte den Einbau einer automatischen Mittelpufferkupplung.

Länge über Puffer (mm)	13.500
Ladelänge (mm)	11.954
Ladebreite (mm)	1.940
Laderaum (m^3)	75
Eigenmasse (kg)	26.000
Lastgrenzen (kg)	
AS	37.500
B1S	41.000
B2S	45.500
CS	53.500
Höchstgeschwindigkeit (km/h)	120
Bremse	KE-GP
Drehgestellbauart	8651 (Y 25 Cs)
Radstand im Drehgestell (mm)	1.800
Radsatzstand (mm)	8.900
Achsstand im Drehgestell (mm)	1.800
Erstes Baujahr	1976

Das Untergestell aus unterschiedlichen Walz- und Abkantprofilen bildete den sattelförmigen Wagenboden, unter dem die Bremsanlage und pneumatische Einrichtung aufgehängt war. An einem Ende des Untergestells befand sich eine Übergangsbühne.

Ihr Wagenkasten bestand aus den beiden Stirnseiten, dem Quersattel und dem Oberkasten.

Vier aufgehängte Entladeklappen bildeten die unteren Seitenwände. Die Klappen ließen sich über eine Zentralwelle und Lenkerstangen manuell oder pneumatisch öffnen und schließen. Das zugehörige Handrad war in der Mitte der Längsseiten zu finden.

Die Druckluft für die pneumatische Bedienung wurde der Hauptluftbehälterleitung entnommen. Sollte die Pneumatik ausfallen, konnten die Klappen auch manuell bedient werden. Alle vier Klappen wurden immer gleichzeitig geöffnet oder geschlossen.

Damit feuchtes Ladegut nicht im Laderaum haften blieb, konnten bei einigen Exemplaren die Sattelböden und die Kanten der Entladeklappen mit Dampf beheizt werden. Hierzu besaßen die Wagen eine durchgehende Dampfheizleitung. Später wurde die Heizung ausgebaut.

Facs [6941] (Dok 5429)

Aus Frankreich importierte die Deutsche Reichsbahn zwischen 1978 und 1980 insgesamt 1.450 vierachsige offene Selbstentladewagen und reihte sie zunächst als Eads-y [5970] in ihren Bestand ein. Kurz nach dem Ende der Beschaffung wurden sie in Facs [6941] umgezeichnet. Vorgesehen waren sie für den Transport von nässeunempfindlichen Schüttgütern. Bei der Deutschen Bahn AG bekamen die Wagen die Bezeichnung Facs 124.

Als Laufwerk fungierten zwei Drehgestelle der Bauart 839 (Y 25 Cs) mit geschweißtem H-Rahmen und Kopfstücken. Sie waren mit rollengelagerten Radsätzen und zweistufigen Schraubenfedern ausgestattet.

Die Druckluft-Klotzbremse der Bauart KE-GP hatte einen Bremszylinder und eine zweistufige, mechanische Lastabbremsung. Ein Fünftel der Wagen wies eine Feststellbremse auf. Sie wurden unter der Dokumentationsnummer 5430 zusammengefasst, ohne Feststellbremse trugen sie die Nummer 5429.

Die geteilte Zugvorrichtung mit Federapparaten aus Stahl-Gummielementen war mit normalen Zughaken und Schraubenkupplungen bestückt. Wegen der Federbeinabstützung konnte auch eine automatische Mittelpufferkupplung eingebaut werden.

An den Kopfträgern waren Hochleistungspuffer der Bauart Ringfeder angeschraubt.

Länge über Puffer (mm)	19.040
Ladelänge (mm)	15.300
Ladebreite (mm)	1.800
Laderaum (m^3)	70
Eigenmasse (kg)	25.000
Lastgrenzen (kg)	
AS	39.000
BS	47.000
CS	55.000
CM	59.000
D	59.000
Höchstgeschwindigkeit (km/h)	120
Bremsen	KE-GP
Drehgestellbauart	8639 (Y 25 Cs)
Radsatzstand (mm)	15.800
Radstand im Drehgestell (mm)	1.800
Erstes Baujahr	1978

Das Untergestell der Wagen bestand aus miteinander verschweißten Blechen und Walzprofilen. Es war an jeder Stirnseite um eine stählerne Entladebühne ergänzt.

Der Wagenkasten mit seinen vier Trichtern war ebenfalls eine Schweißkonstruktion, wobei der durchlaufende Oberkasten durch drei Querwände in vier Räume unterteilt wurde. Jeder Laderaum hatte unten zwei Entladeöffnungen, von

denen je eine zu einer Längsseite hin öffnete. Über jeder Öffnung war am Kastenblech eine Stütze für einen Rüttler angeschraubt, um sicherzustellen, dass das komplette Ladegut aus den Wagen kam. Die acht kreisförmig ausgebildeten Wölbschieber lagerten auf Rollen und verschoben sich auf Laufbahnen, die außerhalb der Rinnen angebracht waren. Für eine dosierte Entladung ließen sich diese in Abstufungen von 25 mm arretieren. Die Betätigung der Schieber erfolgte von der Bedienplattform aus. Unter jeder Entladeöffnung befanden sich eine feste und eine schwenkbare Auslaufrutsche. Die schwenkbaren Auslaufrutschen ließen sich durch Hebel in der Nähe der Rutschen aus- und einklappen.

Fakks [6781] (Dok 5432)

Länge über Puffer (mm)	13.250
Ladelänge (mm)	10.102
Ladebreite (mm)	2.850
Laderaum (m^3)	30
Eigenmasse (kg)	32.400
Lastgrenzen (kg)	
AS	31.500
B1S	33.500
B2S	39.500
CS	47.500
Höchstgeschwindigkeit (km/h)	120
Bremse	KE-GP
Drehgestellbauart	860 (Y 25 Cs)
Radsatzstand im Drehgestell (mm)	1.800
Radsatzstand (mm)	9.760
Achsstand im Drehgestell (mm)	1.800
Erstes Baujahr	1982

Die 100 vierachsigen Zweiseitenkipper der Gattung Fakks [6781] stammten von der Arbel Industrie aus Frankreich. Sie wurden von der Reichsbahn zur Beförderung von witterungsunempfindlichen Schüttgütern als Dienstwagen beim Bau von Gleisanlagen genutzt. Fakks 127 lautet die neue Bezeichnung bei der Deutschen Bahn AG.

Die beiden Drehgestelle der Bauart 860 (Y 25 Cs) liefen mit zweistufigen linearen Schraubenfedersätzen auf rollengelagerten Radsätzen mit Vollrädern. Sie hatten einen H-förmigen Stahlrahmen mit zwei Kopfstücken.

Durch den Aufbau des Untergestells mussten zwei komplett getrennte Bremsanlagen in den Drehgestellen untergebracht werden. Die Druckluftbremse der Bauart KE-GP hatte zwei Bremszylinder, die über den Bremsgestängesteller und die Bremssohlen an den Radsätzen wirkten. Eine von beiden Seiten mit einem Handrad bedienbare Feststellbremse verhinderte das Wegrollen.

Die Zugvorrichtung war geteilt und entsprach mit ihren Gummi- und Stahl-Federn dem UIC-Merkblatt 520. Es waren Schraubenkupplungen und Zughaken montiert, die gegen eine automatische Mittelpufferkupplung getauscht werden konnten. Nicht drehbare Hochleistungs-Hülsenpuffer mit eckigen Tellern übertrugen Stoßkräfte.

Bei diesen Wagen waren die Außenlangträ-

ger des Untergestells aus Stabilitätsgründen in der Mitte nach unten verbreitert. An einem Wagenende saßen die beiden Druckluftbehälter auf dem Untergestell und am anderen Ende war eine Übergangsbühne montiert. Der Wagenkasten bildete eine pneumatisch wahlweise nach beiden Seiten um 45 Grad kippbare Mulde. Beim Kippen klappten die Wände der Längsseiten über ein Gestänge automatisch nach unten und wurden so zu Entladerutschen. Im gekippten Zustand überschritten die Wagen das Lichtraumprofil und durften daher nicht bewegt werden. Die Fakks durften nur bis zu einer Gleisüberhöhung von maximal 110 mm entladen werden, ansonsten bestand die Gefahr des Umkippens. Aus Sicherheitsgründen durften die Luftbehälter der Kippeinrichtung

erst an der Endladestelle gefüllt werden, wobei die Bedienung nur eingewiesenem Personal unter Beachtung der gültigen Bedienungsanleitung erlaubt war.

Falns [6636] (Dok 5431)

Die Deutsche Reichsbahn beschaffte 1987/88 von der rumänischen Waggonfabrik UV Arad insgesamt 456 Selbstentladewagen und reihte sie als Falns [6636] in ihren Bestand ein. 1994 übernahm die Deutsche Bahn AG die Wagen und gab ihnen die Reihenbezeichnung Falns(-x) 165.

Die Wagen bauten auf den Vorgängern der Bauart Falls-zz [6650] auf. Der größere Oberkasten bot einen größeren Laderaum. Weil das Gesamtgewicht der vollbeladenen Falns [6336] nun höher war, musste deren Radsatzlast auf 22.500 kg angehoben werden.

Die zweiachsigen Drehgestelle gehörten zur Bauart 668 (Y 25 Ls). Ihr geschweißter H-Rahmen bestand aus Stahlprofilen und -blechen. Zwei Kopfstücke verstärkten die Konstruktion. Zweistufige lineare Schraubenfedern dämpften die Bewegungen des Wagenkastens, der in einer Drehpfanne mit seitlichen Gleitstücken auf den Drehgestellen auflag. Die Radsätze

Länge über Puffer (mm)	**13.250**
Ladelänge (mm)	**12.000**
Ladebreite (mm)	**1.860**
Laderaum (m³)	**83**
Eigenmasse (kg)	**28.600**
Lastgrenzen (kg)	
AS	**35.000**
B1S	**37.000**
B2S	**43.000**
CS	**53.000**
D2S	**55.500**
D3S	**61.000**
D4S	**61.000**
Höchstgeschwindigkeit (km/h)	**120**
Bremse	**KE-GP**
Drehgestellbauart	**868 (Y 25 Ls)**
Radsatzstand im Drehgestell (mm)	**1.800**
Radsatzstand (mm)	**9.000**
Erstes Baujahr	**1987**

mit Monoblocrädern liefen in Zylinderrollenlagern.
Die Knorr-Druckluftbremse der Bauart KE-GP besaß eine zweistufige, mechanische Lastabbremsung. Dabei übertrug der Bremszylinder seine Kraft über das Gestänge auf die einfachen Bremsklötze, welche auf die Laufflächen der Radsätze wirkten. Ein Teil der Wagen war mit einer Feststellbremse ausgestattet. Sie bekamen 1991 die Bezeichnung Falns [6636].
Das geschweißte Untergestell setzte sich aus Walz- und Abkantprofilen zusammen, die pyramidenförmige Rahmen bildeten. An einem Ende fand eine Bühne Platz, von der aus die Klappen bedient werden konnten. Der feststehende Wagenkasten umfasste die beiden Stirnseiten, einen den Laderaum in zwei Kammern teilenden Quersattel und den Oberkasten. Die vier Entladeklappen waren in Gelenken aufgehängt und ließen sich pneumatisch oder manuell ver- und entriegeln. Das zugehörige Handrad war in der Mitte einer Längsseite montiert. Alle vier Klappen konnten nur gleichzeitig geöffnet oder geschlossen werden. Damit feuchtes Ladegut, vor allem Braunkohle, bei tiefen Temperaturen nicht einfror, sorgte eine Dampfheizung mit Heizschlangen im Boden für die entsprechende Erwärmung.

Gagms(-v) [1970] (Dok 0655)

In unterschiedlichen Ausführungen wurden von der Deutschen Reichsbahn ab 1951 vierachsige gedeckte Güterzugwagen besonders zur Beförderung von Stückgütern aber auch von Getreide in Dienst gestellt. Sie bekamen die Bezeichnung Gagms-v [1970], bzw., mit Stirntüren, Hacgs-v [2720].

Die Drehgestellrahmen waren aus Pressblech und mit Gleitlager-Radsätzen ausgestattet. Siebenlagige Blatttragfedern und Federlaschen besorgten die Dämpfung. Die Drehgestelle waren umsetzfähig.

Einige Wagen hatten eine Druckluftbremse der Bauart Hik-GP mit einem Bremszylinder und vierstufiger Lastabbremsung. Die Anderen eine Hik-GP-Bremse mit selbsttätigem Bremsgestängesteller. Außerdem war eine seitlich angeordnete, auf beide Drehgestelle wirkende Feststellbremse montiert. Teilweise war auch eine Stirnbühne mit Bremserhaus vorhanden, von wo aus die Feststellbremse bedient werden konnte.

Die Zugeinrichtung mit zwei Evolutfedern war geteilt und mit Schraubenkupplungen und Zughaken ausgestattet. Als Stoßeinrichtung dienten Hülsenpuffer der Bauart Ringfeder.

Das miteinander zu einem einheitlichen Tragwerk verschweißte Untergestell bestand aus Normalprofilen und Blechträgern. Seiten- und Stirnwände bildeten ein Kastengerippe aus gepressten Blechsäulen und Streben, die von außen mit Kiefernbrettern verkleidet waren. In den Seitenwänden befanden sich zwei Schiebetüren in Pressblechausführung. Ladeschieber in den Türen gewährleisteten die Entladung von Getreide. Ferner waren bei einem Teil der Wagen die Stirnwände mit einer vierteiligen Drehtür versehen. Eine niedrige Kopfklappe ermöglichte die Be- und Entladung über Rampen. Der Fußboden aus Kiefernholz hatte einen Ölfarbanstrich. Das Dach als Schweißkonstruktion war mit drei Luken zur Be- und Entladung von Getreide ausgestattet, die über Laufbretter und eine Leiter an der Stirnwand erreicht werden konnten. Die Wagen hatten eine durchgehende Dampfleitung mit zwei Anschlüssen an jedem Kopfstück.

Länge über Puffer (mm)	**15.800/16.500[1)]**
Ladelänge (mm)	**14.420**
Ladebreite (mm)	**2.716**
Ladehöhe Seitenwand (mm)	**1.850**
Ladefläche (m^2)	**39,2**
Laderaum (m^3)	**72,5**
Eigenmasse (kg)	**23.200**
Lastgrenzen (kg)	
A	**40.500**
B	**48.500**
C	**52.000**
AS	**40.500**
BS	**48.500**
CS	**48.500**
Höchstgeschwindigkeit (km/h)	**100**
Bremse	**Hik-GP**
Drehgestellbauart	**Niesky**
Radsatzstand im Drehgestell (mm)	**2.000**
Radsatzstand (mm)	**12.500**
Erstes Baujahr	**1951**

1) ohne/mit Feststellbremse

Gl [1020] (Dok 0638)

Ab 1958 wurden die Gm [1020] zum Transport nässeempfindlicher Güter von der Reichsbahn in Dienst gestellt. Hersteller der 311 Wagen war der Waggonbauer UV Arad in Rumänien. Wegen der Binderinge an den Innenwänden konnten sie auch zum Transport von Vieh verwendet werden. Sie blieben bis 1977 im Bestand der Reichsbahn.
Das überkritische Laufwerk der Zweiachser lief zunächst auf Radsätzen mit Gleitlager, die später bei einigen Wagen gegen Radsätze mit UIC-Rollenlager ausgetauscht wurden. Zur Abfederung dienten achtlagige Blatttragfedern und Doppelschaken.
Die Druckluftbremse der Bauart Hik-GP beinhaltete ein Steuerventil, einen Bremszylinder, eine mechanische Lastwechselumstellvorrichtung, Bremsklötze aus Grauguss und einen Bremsgestängesteller.
Die Wagen waren mit einer durchgehenden Zugeinrichtung mit normalen Schraubenkupplungen und Zughaken ausgerüstet. Als Stoßeinrichtung dienten Hülsenpuffer der Bauart Ringfeder.
Das diagonalsteife Untergestell als Schweißkonstruktion bestand aus Walzprofilen, wobei die äußeren Langträger durch Flächensprengwerke versteift waren. Die Achshalterhälften waren angenietet und die Federböcke angeschweißt. Die Seiten- und Stirnwände des aus Walzprofilen geschweißten Aufbaus waren mit Holzbrettern verkleidet. Beide Seitenwände wiesen einteilige Schiebetüren sowie je zwei von außen zu bedienende Lüftungsschieber auf. Das mit Holz verschalte Tonnendach war mit Stahlblech überzogen und wurde bei Reparaturen durch Dachpappe ersetzt. Der Fußboden bestand aus 45 mm dicken Holzbrettern. Die Wagen waren an jeder Stirnseite mit Kupplergriffen, UIC-Signalstützen und diagonal versetzt je einem Ecktritt ausgerüstet. Zum Besteigen des Laderaums diente unter jeder Schiebetür ein Tritt.

Länge über Puffer (mm)	10.940
Ladelänge (mm)	9.600
Ladebreite (mm)	3.060
Ladehöhe (mm)	2.090
Ladefläche (m²)	25,7
Laderaum (m³)	60
Eigenmasse (kg)	12.000
Lastgrenzen (kg)	
A	20.000
B	24.000
C	25.000
Höchstgeschwindigkeit (km/h)	80
Bremse	Hik-GP
Radsatzstand (mm)	6.500
Erstes Baujahr	1958

Gags-v [1992] (Dok 0641)

Für den Transport witterungsempfindlicher leichter Stück- und Schüttgüter beschaffte die Reichsbahn ab 1964 vierachsige gedeckte Güterwagen. Gebaut wurden sie in der Waggonfabrik Arad in Rumänien und entsprachen den Vorgaben der UIC und der PPW.
Die Druckluftbremse der Bauart Knorr KE-GP hatte einen vierstufigen Lastwechsel und einfache Bremssohlen. Ergänzt wurde sie durch eine Feststellbremse. Normale Schraubenkupplungen und Hülsenpuffer der Bauart Ringfeder stellten die Verbindung zu Nachbarfahrzeugen her. Eine automatische Mittelpufferkupplung konnte nachgerüstet werden.
Das Untergestell mit zwei äußeren Langträgern aus gekanteten Blechprofilen und einem kastenförmigen Mittellangträger besaß an einer Stirnseite eine Bühne, auf der bei einigen Wagen ein Bremserhaus stand.
Der komplett aus Stahl gefertigte Aufbau war innen mit einem dämmenden Anstrich versehen. In der Mitte der Seitenwand befand sich eine zweiflügelige Stahlschiebetür. Zur Beförderung von losem Schüttgut wiesen die Türen kleine Entlastungsklappen im unteren Bereich auf, aus denen das Schüttgut ausfließen konnte. Je vier Luken in den Seitenwänden gewährleisteten die Belüftung des Innenraums. Drei über eine Stirnwandleiter und einen Laufsteg erreichbare Dachluken dienten der Beladung mit Schüttgütern. Der Fußboden aus Kieferholzbohlen war mit fünf Entladetrichtern ausgestattet, die in Fußbodenhöhe durch Klappen abgedeckt werden konnten. Eine durchgehende Dampfheizleitung ergänzte die Ausstattung der Wagen.

Länge über Puffer (mm)	**16.520/16.970[1)]**
Ladelänge (mm)	**15.200**
Ladebreite (mm)	**2.630**
Ladehöhe (mm)	**2.300**
Ladefläche (m^2)	**39**
Laderaum (m^3)	**92**
Eigenmasse (kg)	**22.200/23.500[1)]**
Lastgrenzen (kg)	
A	**41.000**
B	**49.000**
C	**57.000**
AS	**41.000**
BS	**49.000**
CS	**49.000**
Höchstgeschwindigkeit (km/h)	**100**
Bremse	**KE-GP**
Drehgestellbauart	**Niesky**
Radsatzstand im Drehgestell (mm)	**2.000**
Radsatzstand	**12.500**
Erstes Baujahr	**1964**

[1)] ohne/mit Feststellbremse

Gbs [1500, 1515] (Dok 4000)

Von den gedeckten Güterwagen dieser Bauart gab es bei der Reichsbahn knapp 15.000 Exemplare in unterschiedlichen Ausführungen. Die Produktion begann 1968 im Raw »Einheit« Leipzig und endete erst 1988. 400 Wagen kamen von der Waggonfabrik Gotha. Ab Mitte der 1970er Jahre wurden die Fahrzeuge als Gbs [1500] bezeichnet. Zur gleichen Zeit baute das Raw Leipzig 300 Exemplare in Küchenwagen um, die am Rauchabzug im Dach zu erkennen waren. Sie wurden zur Unterscheidung als Gbs-t [1530] eingereiht. 1984 folgte eine ca. 650 Wagen umfassende, in Details geänderte Serie aus dem Raw Leipzig, die als Gbs [1515] bezeichnet wurde. Ein Jahr später wurden Bremsen und Federung modifiziert und die so ausgeführten Wagen als Gbs [1553] im Bestand gelistet.

Die DB AG übernahm 1994 alle Varianten und reihte sie als Gbs 258 oder Gbs-t 258 ein.

Das zweiachsige Laufwerk entsprach mit den Zylinderrollenlagern und Doppelschaken UIC-Vorgaben.

Die Knorr-Druckluftbremse der Bauart KE-GP hatte eine zweistufige mechanische Lastabbremsung.

Länge über Puffer (mm)	14.020
Ladelänge (mm)	12.720
Ladebreite (mm)	2.600
Ladehöhe (mm)	2.200
Ladefläche (m²)	33,2
Laderaum (m³)	80
Eigenmasse (kg)	13.000–14.500
Lastgrenzen (kg)	
AS	17.500–18.500
BS	25.500–26.500
CS	25.500–26.500
Höchstgeschwindigkeit (km/h)	100
Bremse	KE-GP
Radsatzstand (mm)	8.000
Erstes Baujahr	1968

Zunächst war die Zugvorrichtung noch durchgehend, bei späteren Bauserien geteilt. Es waren Schraubenkupplungen vorhanden, die gegen automatische Mittelpufferkupplungen getauscht werden konnten.

Die Übertragung von Stoßkräften übernahmen Ringfeder-Hülsenpuffer.

Allen Wagen gemeinsam waren das geschweißte Untergestell aus Walzprofilen und

Blechen mit einem Sprengwerk sowie der ebenfalls geschweißte Aufbau. Dieser bestand aus senkrechten Rungen aus Walzprofilen und besaß Wände aus gesickten, innen mit Holz verkleideten Blechen. Im Innern waren Bohlen aus Kiefernholz als Fußboden verlegt. In jeder Seitenwand befanden sich mittig eine einflügelige Schiebetür aus Stahl sowie vier Lüftungsöffnungen unter der Dachkante. Diese Öffnungen konnten durch senkrechte Schieber verschlossen werden. Zu Sicherung des Ladeguts waren an den Innenwänden Binderinge angebracht. Auf eine Feststellbremse wurde bei den Wagen verzichtet.

Gbqss-z [1742] (Dok 4006)

Zur Beförderung nässeempfindlicher Stückgüter, wie Großbehälter, Industrieerzeugnisse oder Tiere beschaffte die Reichsbahn von 1969 bis 1972 die Bauart Gbqrss [1742]. Die Wagen entsprachen den Vorgaben des UIC-Merkblatts 571-1, Bauart 1 und kamen von der Waggonfabrik Gotha. Die Deutsche Bahn AG übernahm zwar noch 216 Exemplare, hatte aber keine Verwendung mehr für sie und musterte die Wagen noch 1994 aus.

Das überkritische Laufwerk hatte rollengelagerte Radsätze, achtlagige Blatttragfedern und Doppelschaken.

Auf Grund ihrer Knorr-Druckluftbremse der Bauart KE-GP-A mit automatischer Lastabbremsung konnten die Wagen 120 km/h schnell fahren. Für einen stufenlos regelbaren Bremszylinderdruck sorgten eine Abwiegevorrichtung und ein Relaisventil am Steuerventil. Ein Bremszylinder bewegte über den Bremsgestängesteller die Doppelbremssohlen. Die Feststellbremse ließ sich mit einer Kurbel von der Stirnbühne aus bedienen. Sie wirkte auf beide Radsätze. Wegen dieser Bremse nutzte sie die Reichsbahn gern als Expressgutwagen. Damit ein freizügiger Einsatz auch in Reisezügen möglich war, rüstete sie die Wagen mit einer elektrischen Heizleitung nach.

In jeder Seitenwand befanden sich eine Schiebetür und vier Lüftungsklappen. Die Tür konnte im offenen und geschlossenen Zustand sowie in zwei Zwischenstellungen (0,15 m und 0,35 m lichte Öffnung) arretiert werden. Die Lüftungsklappen ließen sich von außen bedienen und von innen verriegeln. Die Seiten- und Stirnwände bestanden von außen aus Blech und waren innen bis zum Dach mit Holz verkleidet.

Länge über Puffer (mm)	14.420
Ladelänge (mm)	12.720
Ladebreite (mm)	2.600
Ladehöhe (mm)	2.150
Ladefläche (m^2)	33,2
Laderaum (m^3)	80
Eigenmasse (kg)	15.000
Lastgrenzen (kg)	
A	17.000
B	21.000
C	25.000
AS	17.000
BS	21.000
CS	21.000
Höchstgeschwindigkeit (km/h)	120
Bremse	KE-GP-A
Radsatzstand (mm)	8.000
Erstes Baujahr	1969

Insgesamt 36 Binderinge in zwei unterschiedlichen Höhen dienten zur Sicherung des Ladeguts. Der Fußboden bestand aus Holzbohlen die mit Flurförderfahrzeugen befahren werden konnten.

Neben dem Expressgut-Dienst nutzte die Reichsbahn einzelne Wagen auch als Behelfspostwagen oder als normale Güterwagen. Zehn von ihnen wurde in Mannschaftstransportwagen umgebaut.

Gags-v [1993] (Dok 4400)

Zur Beförderung von nässeempfindlichen Massengütern in loser Schüttung oder in Säcken stellte die Reichsbahn gedeckte Vierachser in Dienst. Stückgüter, Expressgut, Post oder Tiere durften in den Wagen nicht transportiert werden und ebenso war die Beförderung von gefährlichen Gütern verboten.

Die Vierachser liefen auf Drehgestellen der Bauart Y 25 Cs mit rollengelagerten Vollradsätzen und zweistufiger Schraubenfederung.

Bei einigen Wagen ergänzte man die Druckluftbremse der Bauart KE-GP um eine Feststellbremse.

Die geteilte Zugeinrichtung war mit normalen Schraubenkupplungen bestückt. Hülsenpuffer übertrugen Stoßkräfte.

Die komplett aus Stahl gefertigten Wagen entsprachen mit ihren Abmessungen internationalen Vorgaben.

Die Konstruktion des für den Einbau einer automatischen Mittelpufferkupplung vorbereiteten Untergestells bestand aus unterschiedlichen Profilen und abgekanteten Blechen. Es war an einer Seite um eine stählerne Stirnbühne verlängert, von der aus die Feststellbremse bedient werden konnte.

Senkrechte, mit gesickten Stahlblechen verkleidete Rungen bildeten den blechverkleideten Aufbau. Die Ladetüren waren ebenfalls aus Blech gefertigt. Unter den Türen befanden sich Entladeluken, aus denen das Schüttgut ausfließen konnte. Vier Lüftungsschieber je Längsseite sorgten für den Luftaustausch. Die Beladung mit Schüttgütern erfolgte durch drei runde Luken im Wagendach, welche manuell geöffnet und geschlossen werden mussten und über eine Stirnleiter sowie Laufstege auf dem Dach erreichbar waren. Die Luken ließen sich zentral verriegeln und konnten aus zolltechnischen Gründen verplombt werden. Der Wagenboden bestand vom Türbereich bis zu den Stirnwänden aus Riffelblechen. Im Mittelteil waren Holzbohlen verlegt. Der Wagenboden konnte befahren werden. Bilderringe im Boden dienten zur Sicherung des Ladeguts.

Länge über Puffer (mm)	**16.520/17.020[1)]**
Ladelänge (mm)	**15.200**
Ladebreite (mm)	**2.670**
Ladehöhe (mm)	**2.400**
Ladefläche (m^2)	**40**
Laderaum (m^3)	**95**
Eigenmasse (kg)	**22.000/22.500[1)]**
Lastgrenzen (kg)	
A	**41.000**
B	**49.000**
C	**57.000**
AS	**41.000**
BS	**49.000**
CS	**57.000**
Höchstgeschwindigkeit (km/h)	**100**
Bremse	**KE-GP**
Drehgestellbauart	**8651 (Y 25 Cs)**
Radsatzstand Drehgestell (mm)	**1.800**
Radsatzstand (mm)	**12.300**
Erstes Baujahr	**1973**

[1)] ohne/mit Feststellbremse

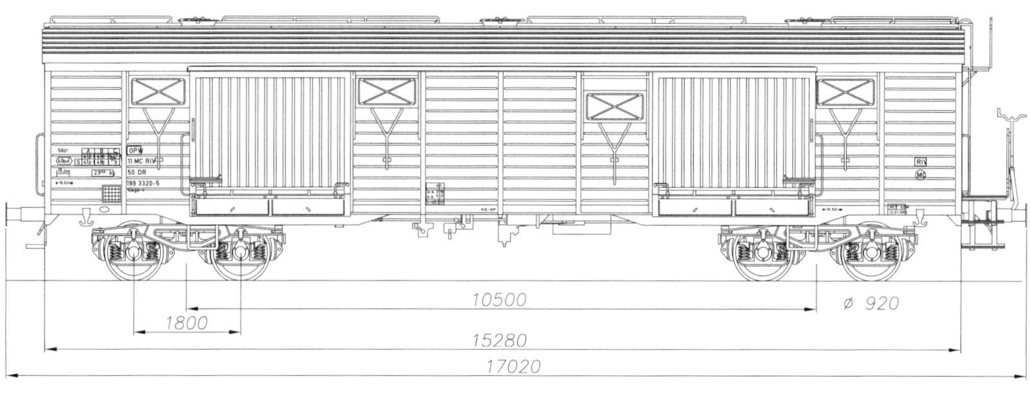

Gbs [1505] (Dok 4010)

In den Jahren 1974/75 lieferte die rumänische Waggonfabrik UV Arad insgesamt 800 zweiachsige gedeckte Güterwagen an die Reichsbahn, die diese als Gbs [1505] in ihren Bestand übernahm. Die Fahrzeuge entsprachen dem UIC-Standardtyp für diese Bauart und waren für die Beförderung von witterungsempfindlichen Stückgütern vorgesehen. Ein internationaler Einsatz war möglich. Die Deutsche Bahn AG übernahm zwar noch 45 Gbs [1505], bezeichnete sie als Gbs 260, reihte sie aber nicht mehr in ihr Nummernschema ein sondern musterte sie noch 1994 aus.

Das Laufwerk mit seinen rollengelagerten Vollradsätzen war über Blatttragfedern mit dem Untergestell verbunden.

Die Druckluftbremse der Bauart KE-GP mit einem Bremszylinder, mechanischem Lastwechsel und Bremsgstängesteller war bei einigen Wagen um eine Feststellbremse ergänzt, die mit einer Kurbel bedient werden konnte.

Bei diesen Wagen war das stählerne Untergestell an einem Ende um eine Übergangsbühne mit festen Trittstufen und einem Geländer verlängert. Ein Sprengwerk steifte das Untergestell aus.

Die geteilte Zugvorrichtung gehörte zur Einheitsbauart mit zwei hintereinander liegenden Evolutfedern und war mit normalen Schraubenkupplungen und Zughaken bestückt. Eine automatische Mittelpufferkupplung konnte nachgerüstet werden.

Die Seitenwände bestanden aus »Tegotex«-Platten. Die wasserdichten Platten bestanden aus verleimtem Schichtholz. Sie waren von innen an den senkrechten Rungen des Aufbaus befestigt. Zur Aussteifung des Aufbaus besaßen die Wandsegmente über den Radsätzen diagonale Zusatzstreben. Eine große, einflügelige Schiebtüre aus Stahl in der Mitte der Seitenwand ermöglichte das Be- und Entladen. Sie konnte in geöffneter, geschlossener und zwei Zwischenstufen arretiert werden. Zudem befanden sich in jeder Wand vier Lüftungsöffnungen mit senkrechten Schiebern. Das geschweißte Dach war mit Blechen aus korrosionsbeständigem Stahl gedeckt und innen mit einem Latex-Anstrich beschichtet.

Länge über Puffer (mm)	14.020/14.520[1)]
Ladelänge (mm)	12.700
Ladebreite (mm)	2.640
Ladehöhe (mm)	2.320
Ladefläche (m^2)	33,2
Laderaum (m^3)	80
Eigenmasse (kg)	14.500
Lastgrenzen (kg)	
AS	17.500/17.000[1)]
BS	21.500/21.000[1)]
CS	25.500/25.000[1)]
Höchstgeschwindigkeit (km/h)	100
Bremse	KE-GP
Radsatzstand (mm)	8.000
Erstes Baujahr	1974
[1)] ohne/mit Feststellbremse	

Gbs [1550, 1556] (Dok 4014)

Um ihren Wagenpark weiter zu verjüngen, beschaffte die Reichsbahn in den Jahren 1982 und 1983 etwa 1.100 gedeckte Güterwagen von der westdeutschen Waggon-Union in Siegen und reihte sie als Gbs [1550] ohne Feststellbremse und Gbs [1556] mit Feststellbremse in ihren Bestand ein. Die Deutsche Bahn AG übernahm noch etwa 860 Exemplare und reihte sie als Gbs 263 ein.

Das Laufwerk war mit Zylinderrollenlagern bestückt. Neunlagige Blatttragfedern und Doppelschaken stellten die Verbindung zu den Federböcken am Untergestell her.

Bei den für maximal 100 km/h zugelassenen Wagen genügte eine Druckluftbremse der Bauart KE-GP mit zweistufiger, mechanischer Lastabbremsung, einem Bremszylinder, Bremsgestängesteller und einfachen Bremssohlen. 280 Wagen erhielten zusätzlich eine Feststellbremse, die sich mit einer Handkurbel bedienen ließ. Die geteilte Zugvorrichtung war mit einem Federwerk aus Elastomer-Stahl-Elementen ausgestattet. Die normalen Schraubenkupplung konnten gegen eine automatische Mittelpuf-

Länge über Puffer (mm)	**14.020/14.270[1)]**
Ladelänge (mm)	**12.720**
Ladebreite (mm)	**2.620**
Ladehöhe (mm)	**2.200**
Ladefläche (m^2)	**33,3**
Laderaum (m^3)	**80**
Eigenmasse (kg)	**14.000**
Lastgrenzen (kg)	
AS	**18.000/17.500[1)]**
BS	**22.000/21.500[1)]**
CS	**26.000/25,500**
Höchstgeschwindigkeit (km/h)	**100**
Bremse	**KE-GP**
Radsatzstand (mm)	**8.000**
Erstes Baujahr	**1982**
[1)] ohne/mit Feststellbremse	

ferkupplung ausgetauscht werden. Als Stoßvorrichtung waren Hochleistungs-Hülsenpuffer der Bauart Ringfeder mit rechteckigen Puffertellern montiert.

Das Untergestell als eine Schweißkonstruktion aus Walzprofilen und Blechen kam ohne Sprengwerk aus. Das Dach aus Spriegeln und Pfetten war mit Blech eingedeckt. Bei Wagen mit Feststellbremse wurde das Untergestell um eine 250 mm lange Stirnbühne ergänzt.

Gebaut wurden die Wagen zwar nach den Vorgaben der UIC, besaßen aber noch einen davon abweichenden Wagenkasten. Dieser bestand aus einem Stahlgerippe, das von innen mit kunstharzverleimten Schichtholzplatten verkleidet war. Die große, einflügelige Schiebetür in der Mitte der Seitenwand war aus Wellblech gefertigt. Als Boden wurden Bohlen aus Kiefernholz verlegt, die befahren werden konnten.

Gbqss-z [1743] (Dok 4015)

Für ihr Gepäck- und Expressgutnetz benötigte die Reichsbahn in den 1980er Jahren neue Wagen, um die alten Fahrzeuge von 1969 zu ergänzen und später abzulösen. 120 Wagen wurden daraufhin ab 1982 von der westdeutschen Waggon-Union in Siegen in die DDR geliefert und als Gbqss [1743] eingereiht. Die Deutsche Bahn AG übernahm 1994 noch knapp 120 Wagen und bezeichnete sie als Gbqss-z 267. 1999 wurde das letzte Exemplar abgestellt.

Das Laufwerk mit rollengelagerten Vollradsätzen sowie neunlagigen Blatttragfedern und Doppelschaken entsprach den UIC-Vorgaben.

Für einen Einsatz in den schnellen Gex-Zügen besaßen die Wagen eine Druckluftbremse der Bauart KE-GP-A mit automatischer Lastabbremsung und doppelten Bremssohlen. Auf eine Feststellbremse wurde bei dieser Bauart verzichtet.

Die geteilte Zugeinrichtung mit Elastomer-Stahl-Elementen war mit normalen Schraubenkupplungen und Zughaken bestückt, die gegen eine automatische Kupplung ausgetauscht werden konnten. Hochleistungspuffer der Bauart Ringfeder mit eckigen Tellern übertrugen die Stoßkräfte.

Das geschweißte Untergestell bestand aus Walzprofilen und Blechen, die einen stabilen Rahmen bildeten. So konnte auf ein Sprengwerk verzichtet werden. Im Bereich der Radscheiben waren Funkenschutzbleche montiert. Das Gerippe des Wagenkastens war von außen mit kunstharzverleimten Furnierplatten verkleidet und das Dach eine Konstruktion aus Leichtstahl-Profilen und Blechen. Auf jeder Längsseite befanden sich eine einflügelige Schiebetüre aus gesicktem Stahlblech und vier Lüftungsschieber. Im Innern dienten Binderinge an den Seitenwänden zur Ladungssicherung. Für den Wagenboden sahen die Konstrukteure Bohlen aus Kiefernholz vor, die mit Gabelstaplern befahren werden konnten. Die Wagen hatten eine Hauptluftbehälterleitung, eine Hauptdampfleitung sowie eine elektrische Zugsammelschiene, so konnten sie freizügig in Reisezüge eingestellt werden. Von außen waren die braun lackierten Wagen an der großen runden Aufschrift »Expressgut – Reisegepäck« zu erkennen.

Länge über Puffer (mm)	**14.020**
Ladelänge (mm)	**12.700**
Ladebreite (mm)	**2.620**
Ladehöhe (mm)	**2.400**
Ladefläche (m²)	**33**
Laderaum (m³)	**80**
Eigenmasse (kg)	**14.600**
Lastgrenzen (kg)	
AS	**17.500**
BS	**21.500**
CS	**25.500**
ASS	**17.500**
BSS	**21.500**
CSS	**21.500**
Höchstgeschwindigkeit (km/h)	**120**
Bremse	**KE-GP-A**
Radstand (mm)	**8.000**
Erstes Baujahr	**1983**

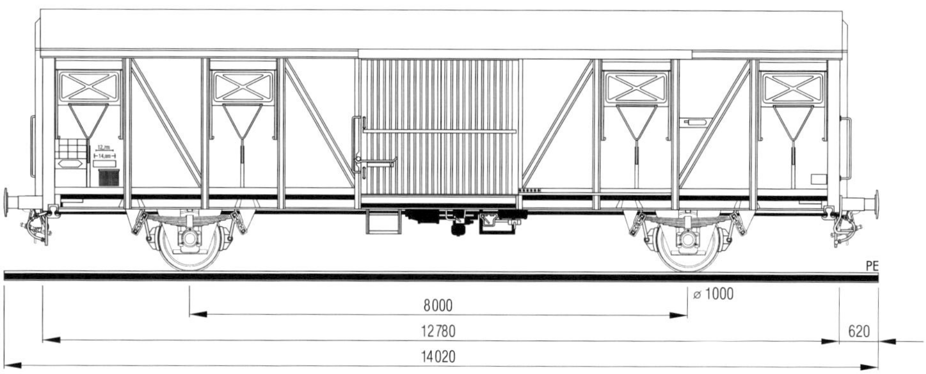

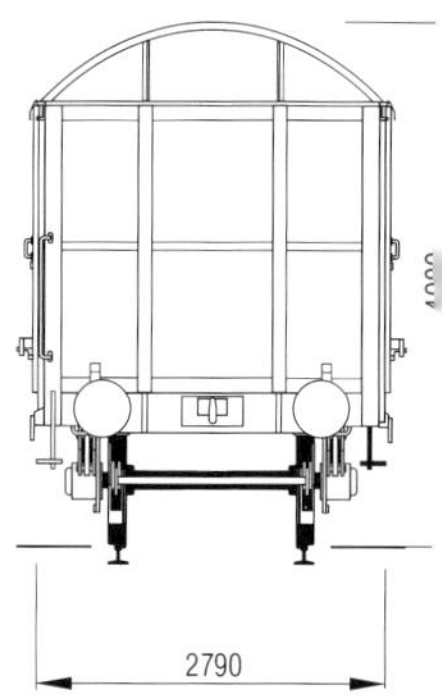

Gbs [1554] (Dok 4025)

Die rund 540 Gbs [1554] und 80 Gbs [1557] entstanden in den Jahren 1986 bis 1988 im Raw Leipzig. Die Wagen wurden überwiegend für die Beförderung von witterungsempfindlichen Stückgütern, Tieren und losen Schüttgütern genutzt, sofern diese die Wagen nicht übermäßig verschmutzten. Als Gbs 264 gelangten noch etwa 470 Exemplare zur Deutschen Bahn AG, die sie in den EUROP-Wagenpark einreihte.
Die Wagen liefen auf rollengelagerten Vorradsätzen. Achtlagige Blattfedern und Doppelschaken stellten die Verbindung zwischen Achslagergehäusen und Federböcken am Untergestell her.
Die Druckluftbremse der Bauart KE-GP hat eine zweistufige Lastabbremsung mit Bremsgestängesteller und einfachen Bremssohlen.
Während bei den Gbs [1554] auf eine Feststellbremse verzichtet wurde, erhielten die Gbs [1557] eine solche, was an der Bremserbühne an einem Wagenende zu erkennen war. Die Fahrzeuge wurden nach den Vorgaben der UIC gefertigt und waren für den Einbau einer automatischen Mittelpufferkupplung vorbereitet.
Ihr geschweißtes Untergestell bestand aus Walzprofilen und Blechen mit einer Aussteifung durch ein Sprengwerk.
Das Kastengerippe aus Walzprofilen war vollständig mit dem Untergestell verschweißt. Die Seiten- und Stirnwände aus Stahlblech hatte man innen mit Holz verkleidet, während das Dach mit Blechbahnen eingedeckt war. Kiefernholzbohlen als Fußboden verlegte man im Innenraum. An jeder Wagenseite befand sich eine Stahlschiebetür, die manuell bewegt werden musste. In jeder Seitenwand waren vier Lade- bzw. Lüftungsöffnungen vorhanden, die mit festen Jalousien bzw. klappbaren Gittern verschlossen werden konnten. Von außen ließen sich diese Öffnungen durch Schieber verschließen. Zur Befestigung des Ladeguts waren im Wageninneren je Seitenwand zehn Binderinge einer unteren Reihe in 350 mm über dem Wagenboden montiert. Ferner gab es acht Ringe einer oberen Reihe, die sich in einer Höhe von 1.100 mm über dem Wagenboden befanden.

Länge über Puffer (mm)	14.020/14.270[1]
Ladelänge (mm)	12.720
Ladebreite (mm)	2.610
Ladehöhe (mm)	2.200
Ladefläche (m^2)	33,2
Laderaum (m^3)	80
Eigenmasse (kg)	13.500
Lastgrenzen (kg)	
AS	18.500
BS	22.500
CS	26.500
Höchstgeschwindigkeit (km)	100
Bremse	KE-GP
Radsatzstand (mm)	8.000
Erstes Baujahr	1986

[1] ohne/mit Feststellbremse

Gbs [1555] (Dok 4027)

Bei den Wagen der Gattung Gbs [1555] handelte es sich um die letzten von der Reichsbahn beschafften zweiachsigen, gedeckten Güterwagen. Sie wurden ab 1988 in 500 Exemplaren in Algerien gebaut. Zwei Wagen schieden schon vor 1994 aus dem Betriebsbestand aus. Die anderen 498 gelangten zur Deutschen Bahn AG und wurden als Gbs 265 eingereiht.

Das Laufwerk mit seinen Zylinderrollenlagern genügte den Anforderungen der UIC. Neunlagige Blatttragfedern und Doppelschaken dämpften Bewegungen des Aufbaus.

Die eine Knorr-Druckluftbremse der Bauart KE-GP hatte eine zweistufige, mechanische und von Hand umzustellende Lastabbremsung. Der am Untergestell aufgehängte Bremszylinder übertrug seine Kraft über einen Bremsgestängesteller auf die einfachen Bremsklötze. Die Feststellbremse mit Kurbelbedienung verhinderte ein unbeabsichtigtes Wegrollen.

Gummi-Schichtfedern, normale Schraubenkupplungen und Zughaken bildeten die Zugvorrichtung. Bei einigen Wagen konnte dank Federbeinabstützung eine automatische Mittelpufferkupplung eingebaut werden. Hochleistungs-Hülsenpuffer der Bauart Ringfeder übertrugen Stoßkräfte.

Länge über Puffer (mm)	14.270
Ladelänge (mm)	12.720
Ladebreite (mm)	2.600
Ladehöhe (mm)	2.200
Ladefläche (m²)	33,2
Laderaum (m³)	80
Eigenmasse (kg)	15.000
Lastgrenzen (kg)	
AS	17.000
BS	21.000
CS	25.000
Höchstgeschwindigkeit (km/h)	100
Bremse	KE-GP
Radsatzstand (mm)	8.000
Erstes Baujahr	1988

Verschweißte Bleche und Walzprofile bildeten das stabile Untergestell. Alle Wagen hatten eine Stirnbühne.

Das Kastengerippe aus Walzprofilen war vollständig mit dem Untergestell verschweißt und von innen mit kunstharzverleimten Sperrholzplatten verkleidet. Der Wagenboden bestand aus 50 mm dicken Kiefernbohlen, die mit Gabelstaplern befahren werden durften. Das Dach setzte sich aus Spriegeln zusammen, die mit 1,5 mm dicken Deckblechen aus korrosionsträ-

gem Stahl verkleidet waren. An jeder Wagenseite gab es eine Schiebetür aus Stahlblech. Ferner waren vier Lade- und Lüftungsöffnungen auf jeder Längsseite direkt unter dem Dach vorhanden. Sie stattete man mit festen Jalousien bzw. klappbaren Gittern aus. Sie konnten ferner von außen durch senkrechte Schieber verschlossen werden. Im Wageninneren waren an jede Seitenwand 18 Binderinge montiert, an denen das Ladegut verzurrt werden konnte.

Hkms [2220] (Dok 0637)

Nach dem Zweiten Weltkrieg benötigte die Reichsbahn zahlreiche neue Güterwagen, um den Betrieb wieder aufzunehmen, bzw. aufrecht zu erhalten. Dazu kam noch, dass die Sowjetunion viele Fahrzeuge als Reparationsleistungen beschlagnahmte.

Erst Ende der 1940er Jahre war die Situation soweit fortgeschritten, dass es möglich war, in der DDR neue Güterwagen zu bauen. Deshalb bekam der VEB Waggonbau Bautzen den Auftrag zum Bau der gedeckten Hkms [2220], die zunächst als Mannschaftstransportwagen für Soldaten genutzt werden sollten. Sollten die Wagen zur Beförderung von Gütern genutzt werden, musste dies explizit bei der Bahn beantragt werden.

Der Laufkreisdurchmesser betrug 1.000 mm. Zur Abfederung dienten sechslagige Blatttragfedern mit einfacher Schakenaufhängung.

Die Wagen hatten eine Druckluftbremse der Bauart Hik-GP mit einem Bremszylinder und einer manuellen Lastabbremsung. Zusätzlich rüstete man einige mit einer Handbremse und einem Bremserhaus aus, welches auf einer Endbühne stand, die von beiden Wagenseiten aus zugänglich war.

Die durchgehende Zugeinrichtung hatte Evolutfedern, normale Schraubenkupplungen und Zughaken. Als Stoßeinrichtung dienten Hülsenpuffer mit Ringfedern und runden Puffertellern.

Länge über Puffer (mm)	9.100
Ladelänge (mm)	7.720
Ladebreite (mm)	2.760
Ladehöhe (mm)	2.120
Ladefläche (m^2)	21,3
Laderaum (m^3)	45,6
Eigenmasse (kg)	11.440/11.900
Lastgrenzen (kg)	
A	17.500
B	17.500
C	17.500
Höchstgeschwindigkeit (km/h)	90
Bremse	Hik-GP
Radsatzstand (mm)	6.000
Erstes Baujahr	1950/51

Das diagonalsteife Untergestell aus Walzprofilen war eine Schweißkonstruktion. Ein ebenes Sprengwerk aus U- und Winkelstahlprofilen war wie die Kopfstücke, die Federböcke und die Radsatzhalter an das Untergestell angenietet.

Das Gerippe der Seitenwände, der Stirnwände und des Daches waren geschweißt. Die Stirnwände verkleidete man mit 40 mm und die Seitenwände mit 30 mm dicken Weichholz-Schalbrettern bis zu einer Höhe über Fußboden von rund 1.200 mm. Bis zum Dach wies die Verkleidung dann nur noch eine Dicke von 25 mm auf. Der Zugang zu den beiden Wagenseiten

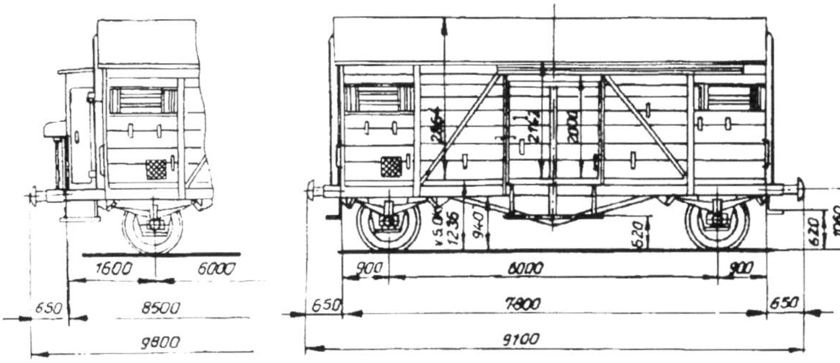

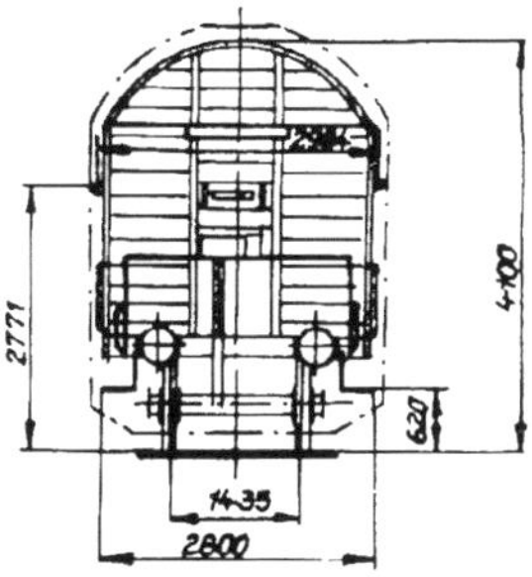

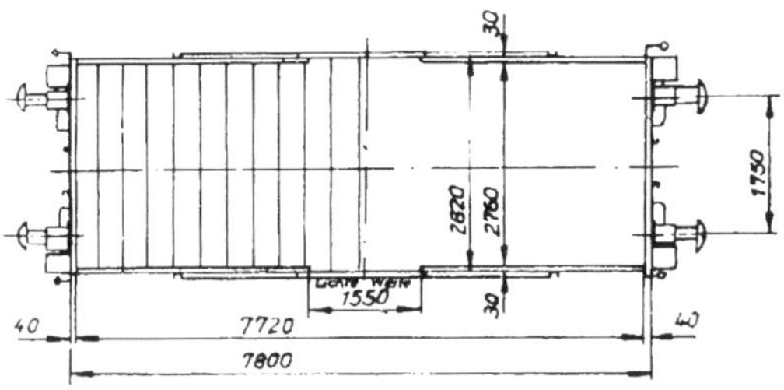

erfolgte durch je eine einteilige Schiebetür mit Rollenlauf. Ferner waren an jeder Wagenseite Lade- und Lüftungsklappen angebracht. Der Fußboden bestand aus 56 mm dicken, durch eichene Federn verbundene Kiefernbretter. Das Tonnendach hatte eine Bitumendecke und war zusammen mit dem Holz 22 mm dick.

Hbs [2300] (Dok 4007)

Zur Beförderung von Soldaten ließ die Reichsbahn Mitte der 1980er Jahre 300 zweiachsige gedeckte Güterwagen Gbs [1500] in Mannschaftstransportwagen umbauen, die vom Militär genutzt wurden. Die Beförderung von Gütern musste gesondert beantragt werden. Die zulässige Höchstgeschwindigkeit wurde von 100 km/h auf 120 km/h gesteigert. Die DB AG übernahm 1994 noch knapp 2.000 Wagen und reihte sie als Hbs-u 292 in ihren Bestand ein. Die neuen Bezeichnungen wurden aber nicht mehr an den Wagen angeschrieben und bis 1998 waren alle aus dem Bestand verschwunden.

Das zweiachsige Laufwerk entsprach mit zylinderrollengelagerten Radsätzen, achtlagigen Blatttragfederpaketen und Doppelschaken den Vorgaben der UIC.

Das diagonalsteife, geschweißte Untergestell aus unterschiedlichen Walzprofilen wurde durch ein ebenes Sprengwerk ausgesteift. Der Aufbau des umgebauten Untergestells ermöglichte den problemlosen Austausch der normalen Schraubenkupplungen gegen eine automatische Mittelpufferkupplung.

Die Druckluftbremse der Baurat Knorr-KE-GP mit G-P-Wechsel und zweistufiger, mechanischer Lastabbremsung war bei einigen Exemplaren durch eine Feststellbremse ergänzt. Außerdem waren innen Notbremszuggriffe montiert.

Die Fahrzeuge entsprachen in ihrer Konstruktion den normalen gedeckten Wagen der Bauart Gbs [1500], hatten also Wände aus senkrechten Rungen und gesickten Stahlblechen, besaßen aber zusätzlich zu den Belüftungsöffnungen in den Seitenwänden zwei Lüfter auf dem Dach. Dieses bestand aus einem Dachrahmen mit Spriegeln und war mit Blech verkleidet. An den Innenwänden waren Tragrahmen für 16 Liegen montiert. Die einflügeligen Schiebetüren in der Mitte der Seitenwände konnten auch von innen geöffnet werden und zum schnellen Ein- und Aussteigen dienten lange Trittbretter unter den Türen. Die Seitenwände aus gesickten Blechplatten waren an senkrechten Kastenrungen befestigt.

Länge über Puffer (mm)	14.020/14.270[1]
Ladelänge (mm)	12.720
Ladebreite (mm)	2.380
Ladehöhe (mm)	2.150
Ladefläche (m^2)	29,5
Laderaum (m^3)	63,0
Eigenmasse (kg)	13.700
Lastgrenzen (kg)	
AS	17.000
BS	21.000
CS	26.000
Höchstgeschwindigkeit (km/h)	100
Bremse	KE-GP
Radsatzstand (mm)	8.000
Erstes Baujahr	1979
[1] ohne/mit Feststellbremse	

Hbbilns [2458] (Dok -)

Im Jahr 1992 übernahm die Reichsbahn ihre ersten zweiachsigen Schiebewandwagen der Bauart Hbbillns [2458]. Bis 1993 entstanden dann 1.750 Exemplare bei unterschiedlichen westdeutschen Waggonbauern und bei der Waggonbau Dessau. Nach 1994 wurden die Wagen in den Bestand der DB AG eingereiht und als Hbbillns 305 bezeichnet.

Als Laufwerk hatten die Schiebewandwagen rollengelagerte Radsätze mit zweistufigen Parabelfedern. Die Verbindung zwischen den Federpaketen und den Federböcken am Untergestell stellten Doppelschaken her.

Außer der Druckluftbremse der Bauart KE-GP mit einem Bremszylinder und zweistufig pneumatisch wirkendem Lastwechsel hatte ein Teil der Fahrzeuge eine Feststellbremse, die mit einem Handrad an der Längsseite vom Boden aus bedient werden konnte.

Die geteilte Zugvorrichtung war mit Zugfedern der Bauart Ringfeder und normalen Schraubenkupplungen bestückt. Es konnten aber auch automatische Kupplungen eingebaut werden. Die asymmetrischen Hochleistungspuffer hatten rechteckige Pufferteller.

Das Untergestell bildete eine Schweißkonstruktion aus Stahlblechen und Profilen in unterschiedlichen Qualitäten. Es bestand aus zwei durchlaufenden Außenlangträgern, Querträgern und Kopfträgern, welche die Langträger verbanden.

Die Wagen besaßen als Transportschutzeinrichtung verschiebbare Quertrennwände in Stahl-Holz-Verbundbauweise und waren für die Beförderung von gemischten Ladungen aus Einzelstücken mit unterschiedlichen Formen, Gewichten und Empfindlichkeiten besonders geeignet. Für den Fußboden wurden Kiefernbohlen verwendet, die mit Nut und Federn verlegt waren. Die Befestigung übernahmen Saumleisten. Die beiden oben abgerundeten Schiebewandsegmente erstreckten sich bis in den Dachbereich. Sie liefen unten auf Rollen und mussten manuell verschoben werden. Beim Öffnen lief ein Wandsegment parallel über das andere, so dass immer nur die halbe Ladelänge auf einmal freigegeben werden konnte. Das Betätigungsgestänge für das Schiebewandsystem war an den Stirnwänden montiert.

Länge über Puffer (mm)	**15.500**
Ladelänge (mm)	**13.660**
Ladebreite (mm)	**2.900**
Ladehöhe (mm)	**2.400**
Ladefläche (m²)	**41**
Laderaum (m³)	**105**
Eigenmasse	**16.400**
Lastgrenzen (kg)	
AS	**15.500**
BS	**19.500**
CS	**24.500**
DS	**28.500**
CM	**25.500**
Höchstgeschwindigkeit (km/h)	**120**
Bremse	**KE-GP**
Radsatzstand (mm)	**9.000**
Erstes Baujahr	**1992**

Ichqss-z [8516] (Dok 4626)

Die Kühlwagen der Bauart Ich(q)rs(s) waren in Ganzmetallausführung nach den Vorschriften des UIC gefertigt und für den Transport von temperaturempfindlichen Gütern wie frischem Fleisch, Obst und Gemüse, aber auch für Tiefkühlkost geeignet.

Die Wagen liefen auf rollengelagerten Radsätzen mit einem Radsatzlagermittenabstand von 2.000 mm und einem Laufkreisdurchmesser von 1.000 mm. Achtlagige Blatttragfedern und eine doppelte Schakenaufhängung verbanden die Laufwerke mit dem Untergestell. Das überkritische Laufwerk konnte auch mit Breitspurradsätzen bestückt werden.

Die Druckluftbremse der Bauart Hik-GP wies einen Bremszylinder mit zweistufiger Lastabbremsung auf. Zudem war eine Handbremse vorhanden.

Die Wagen besaßen eine durchgehende Zugeinrichtung mit Evolutfedern, normalen Schraubenkupplungen und Zughaken. Als Stoßeinrichtung dienten Hülsenpuffer mit Ringfedern und runden Puffertellern.

Das Untergestell war aus Walzprofilen zusammengeschweißt, die Achshalter an die Langträger angenietet.

An den Stirnwänden befanden sich Eisladebühnen, die über die Ecktritte zu erreichen waren. Die Seiten- und Stirnwände sowie das Dach bestanden aus Stahlblechen, die auf den Wagenkastenrohbau aufgeschweißt waren. Der Zugang erfolgte durch eine zweiteilige Laderaumtür mit vierfacher Stufendichtung aus elastischen Gummiprofilen in jeder Seitenwand. Im Innern waren Seiten- und Stirnwände aus gewellten, eloxierten Leichtmetallblechen aufgebaut sowie Fleischbalken mit Fleischhaken angebracht. Der Fußboden aus verzinktem Stahlblech konnte mit Gabelstaplern bis 1,2 Mp Radlast befahren werden. Als Isoliermaterial kam beim Wagenkasten Piatherm und Stiroflex zur Anwendung. Eisbehälter für Wassereis an den Wagenenden oder Eiskästen für Trockeneis in Wagenmitte sorgten für die entsprechende Kühlung, wobei regelbare Ventilatoren die Luft im Laderaum umgewälzten. In den Fußboden waren Abläufe mit automatischem Verschluss für Schmelzwasser integriert. Ausgerüstet mit durchgehender Dampfleitung und elektrischer Heizleitung konnten die Wagen so auch in Reisezüge eingestellt werden.

Länge über Puffer (mm)	**11.740**
Ladelänge (mm)	**8.527**
Ladebreite (mm)	**2.293**
Ladehöhe (Seitenwand) (mm)	**1.903**
Ladefläche (m²)	**19,5/22,2[1)]**
Laderaum (m³)	**37/42,2[1)]**
Eigenmasse (kg)	**16.500**
Lastgrenzen (kg)	
A	**15.500**
B	**19.500**
C	**19.500**
AS	**15.500**
BS	**19.500**
CS	**19.500**
Höchstgeschwindigkeit (km/h)	**100**
Bremse	**Hik-GP**
Radsatzstand (mm)	**6.600**
Erstes Baujahr	**1959**

1) bei zusammengeschobenen Eiskästen

Iacchmqs-z [8603] (Dok 0645)

Die vierachsigen Eiskühlwagen der Bauart Iacchmqs-z [8603] und [8604] in Ganzmetallausführung wurden ab 1961 gebaut und waren für den Transport temperaturempfindlicher Güter vorgesehen.
Ihre umsetzfähigen Einheitsdrehgestelle mit einem Rahmen aus Pressblechen waren ausgestattet mit Rollenlager-Radsätzen (Laufkreisdurchmesser 1.000 mm), einem Radsatzabstand von 2.000 mm sowie siebenlagigen Blatttragfedern aus Federstahl und Federlaschen.
Die Geschwindigkeitskontrolle übernahm eine Druckluftbremse der Bauart KE-GP mit zweistufiger Lastabbremsung und Bremsgestängesteller.
Die geteilte Zugeinrichtung hatte zwei Evolutfedern und die Zughaken entsprachen der TGL-Vorgabe 7134. Als Stoßeinrichtung dienten Hülsenpuffer mit Ringfedern, ebenfalls nach TGL-Vorgaben. Der Einbau einer automatischen Mittelpufferkupplung war vorbereitet.
Das Untergestell aus Normalprofilen und Blechträgern aus Baustahl war zu einem einheitlichen Tragwerk zusammengeschweißt. An den Stirnwänden befanden sich über Ecktritte erreichbare Eisladebühnen und die Wagenvorbauten waren mit je zwei Kupplergriffen ausgerüstet. Die Seiten- und Stirnwände bestanden aus gesickten Stahlblechen, wobei der Rohbau als Stahlschweißkonstruktion ausgeführt war. Das Dachblech aus Stahlblech mit Spriegeln war durch Schlitzschweißung verbunden. In den Seitenwänden erfolgte der Zugang durch je eine einteilige Laderaumschwenktür mit Wasserabläufen. Die Innenauskleidung erfolgte bei den Seitenwänden aus gewellten, bei der Zwischendecke und den Stirnwänden aus glatten, eloxierten Leichtmetallblechen sowie beim mit Gabelstaplern befahrbaren Fußboden aus verzinkten Stahlblechen. Die Isolierung übernahm der Dämmstoff »Piatherm«, eingebettet in Perfolhüllen. Die Kälteeinrichtung übernahmen mit Wasser- oder Trockeneis gefüllte Stirnwandeisbunker. Ventilatoren sorgten für die Luftumwälzung im Laderaum. Die Wagen besaßen eine durchgehende Dampfleitung und eine durchgehende elektrische Heizleitung für 3 kV. Die Bremsluftleitung war ebenfalls durchgehend und an den Wagenenden gegabelt.

Länge über Puffer (mm)	**18.240**
Ladelänge (mm)	**14.000**
Ladebreite (mm)	**2.320**
Ladehöhe (mm)	**1.800**
Ladefläche (m²)	**32,5**
Laderaum (m³)	**58,5**
Eigenmasse (kg)	**34.500**
Lastgrenzen (kg)	
A	**29.500**
B	**37.500**
C	**45.500**
AS	**29.500**
BS	**37.500**
CS	**37.500**
Höchstgeschwindigkeit (km/h)	**100**
Bremse	**KE-GP**
Bauart Drehgestell	**Einheit**
Radsatzstand im Drehgestell (mm)	**2.000**
Radstand (mm)	**14.000**
Erstes Baujahr	**1961**

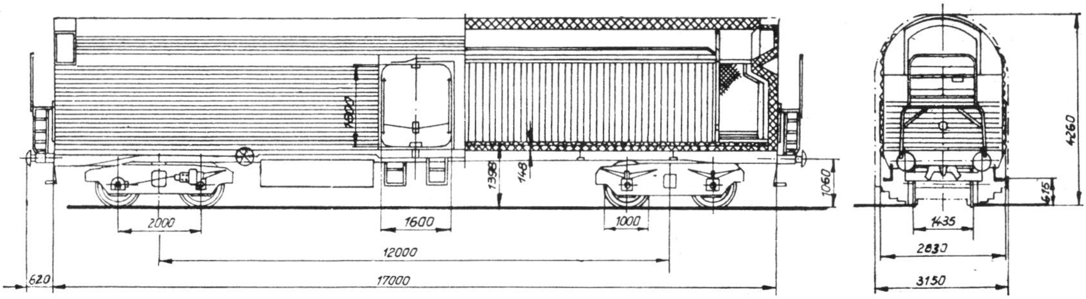

Ialps [8656] (Dok 0646)

Die vierachsigen Maschinenkühlwagen in Ganzmetallausführung dienten dem Transport temperaturempfindlicher und besonders verderblicher Güter. Die ersten Fahrzeuge dieser Bauart kamen 1961 zur Reichsbahn.
Ihre umsetzfähigen Einheitsdrehgestelle mit Rahmen in Pressblechausführung besaßen Radsätze mit Rollenlagern und einem Laufkreisdurchmesser von 1.000 mm sowie einen Radsatzabstand von 1.000 mm. Siebenlagige Blatttragfedern aus Federstahl und Federlaschen übernahmen die Federung. Die Drehgestelle konnten auch mit Breitspur-Radsätzen bestückt werden.
Die Druckluftbremse der Bauart Knorr KE-GP mit einem Steuerventil vom Typ KE1c, einem Bremszylinder und einer zweistufigen Lastabbremsung sorgte für die nötige Bremskraft. Die am Bühnengeländer angebrachte Feststellbremse wirkte auf beide Drehgestelle.
Die geteilte Zugeinrichtung mit Evolutfedern hatte normale Schraubenkupplungen und Zughaken. Als Stoßeinrichtung dienten Hülsenpuffer mit Ringfedern und runden Puffertellern. Das Untergestell aus Normalprofilen und Blechträgern aus Baustahl war zu einem einheitlichen Tragwerk verschweißt. Die Laufbühnen an den Stirnwänden waren über die Ecktritte zu erreichen.
Beim Wagenkastenrohbau als Stahlschweißkonstruktion bestanden Seiten- und Stirnwände aus gesickten Stahlblechen. Das Dachblech war mit den Spriegeln durch Schlitzschweißung verbunden. Der Zugang erfolgte durch je eine einteilige Laderaumschwenktür mit Wasserabläufen in den Seitenwänden. Das Innere war bei den Seitenwänden mit gewellten, bei der abklappbaren Zwischendecke und den Stirnwänden mit glatten, eloxierten Leichtmetallblechen ausgekleidet. Als Dämmung dienten Piathermpakete. Der Fußboden aus verzinkten Stahlblechen konnte mit Gabelstaplern befahren werden. Die Kälteanlagen im Dachraum an den Wagenenden arbeiteten mit direkter Verdampfung, wobei die benötigte Energie durch zwei unter dem Wagen angeordnete Dieselgenerator erzeugt wurde. Zwei Ventilatoren besorgten die Luftumwälzung im Laderaum. Ferner wiesen die Wagen eine durchgehende Heizleitung (Dampf) und eine elektrische Heizleitung für 3 kV sowie eine durchgehende und in den Wagenenden gegabelte Bremsluftleitung auf.

Länge über Puffer (mm)	18.740
Ladelänge (mm)	16.300
Ladebreite (mm)	2.320
Ladehöhe (mm)	1.800
Ladefläche (m²)	38
Laderaum (m³)	68
Eigenmasse (kg)	32.500
Lastgrenzen (kg)	
A	31.500
B	39.500
C	47.500
AS	31.500
BS	39.500
CS	39.500
Höchstgeschwindigkeit (km/h)	100
Bremse	KE-GP
Bauart Drehgestell	Einheit
Radsatzstand im Drehgestell (mm)	2.000
Radsatzstand (mm)	14.000
Erstes Baujahr	1961

Ibbl(p)qs [8256] (Dok 4009)

Ab 1973 fertigte das Raw »Einheit« Leipzig die »Thermoswagen« des Typs Ibblpqrs [8256] für die Reichsbahn. Die Grundkonzeption dieser Wagen wurde von den gedeckten Gbs [1500] abgeleitet, aber der normale Wagenkasten durch einen wärmegedämmten Aufbau ersetzt. Die Wagen waren bevorzugt für die Beförderung von Südfrüchten vorgesehen.

Unverändert von den Gbs übernommen wurde das zweiachsige Laufwerk sowie die Druckluftbremse der Bauart KE-GP. Die geteilte Zugvorrichtung mit hintereinander liegenden Evolutfedern konnte mit einer automatischen Kupplung ausgestattet werden.

Das geschweißte, diagonalsteife Untergestell nach TGL-Vogaben bestand aus unterschiedlichen Walzprofilen. Ein ebenes Sprengwerk versteifte das Untergestell. Ein Blindboden schloss die Konstruktion nach unten hin ab.

Der Wagenkasten bildete eine Stahlkonstruktion aus gesickten Blechen und seine Innenwände bestanden ebenfalls aus Stahlblech, wobei die Hohlräume zwischen den Wänden mit Polystyrol-Hartschaum ausgekleidet waren. Die am stählernen Außendach aufgehängte Innendecke bestand aus Hartfaserplatten. Zum Be- und Entladen besaßen die Wagen einteilige Schiebtüren in der Mitte der Seitenwände analog den Außentüren der Gbs. Dahinter befanden sich gedämmte, nach außen zu öffnende, zweiflügelige Drehtüren. Durch Lüftungsöffnungen in den Seitenwänden gelangte frische Luft in die Wagen. Fiel die Außentemperatur unter die für das Ladegut benötigte, so konnten Kohleglühöfen in die Wagen eingestellt werden. Der Wagenboden bestand aus Brettern, die oben mit verzinkten Stahlblechen abgedeckt und dazwischen mit Dämmmaterial aufgefüllt waren. Um Tau- und Kondenswasser aus dem Innenraum zu entfernen, besaß der mit Gabelstaplern befahrbare Boden zwei diagonal angeordnete Abläufe. Da ein Teil der Wagen mit einer Hauptdampfleitung und einer elektrischen Hauptheizleitung ausgestattet war, konnten diese freizügig in Reisezüge eingestellt werden. Wagen mit elektrischer und Dampfheizleitung wurden zunächst als Ibblpqrs [8158] bezeichnet, solche ohne Heizleitung als Ibblps [8058], später wurden alle in [8256] umbenannt.

Länge über Puffer (mm)	**14.020**
Ladelänge (mm)	**12.540**
Ladebreite (mm)	**2.400**
Ladehöhe (mm)	**2.000**
Ladefläche (m²)	**30**
Laderaum (m³)	**70**
Eigenmasse (kg)	**18.500**
Lastgrenzen (kg)	
A	**13.500**
B	**17.500**
C	**21.500**
AS	**13.500**
BS	**17.500**
CS	**17.500**
Höchstgeschwindigkeit (km/h)	**100**
Bremse	**KE-GP**
Radsatzstand (mm)	**8.000**
Erstes Baujahr	**1973**

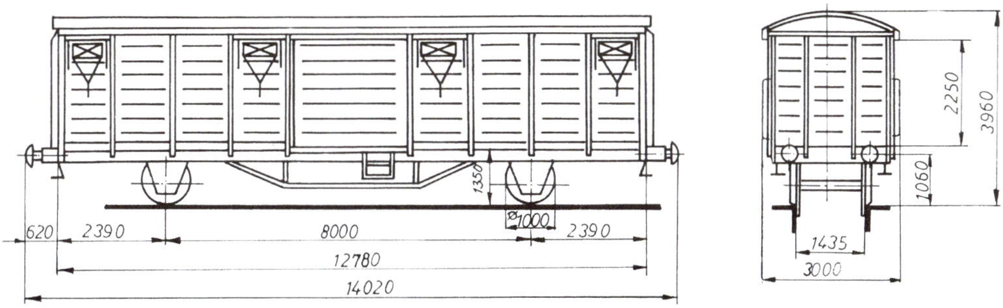

Iaehqs-z [8648] (Dok 4677)

Ab 1975 fertigte der VEB Waggonbau Dessau die vierachsigen Eiskühlwagen EK 4 der Bauart Iaehqrs [8648].
Die Drehgestelle der Wagen gehörten zur Bauart Y 25 Cs mit Schraubenfedersätzen und rollengelagerten Radsätzen. Ein Radsatzgenerator erzeugte den elektrischen Strom für die Luftumwälzanlage.
Die Bremse der Bauart KE-GP mit Bremsgestängesteller und zweistufigem Lastwechsel ermöglichte eine Höchstgeschwindigkeit von 100 km/h.
Die geteilte Zugvorrichtung mit normaler Schraubenkupplung und die Hülsenpuffer der Bauart Ringfeder entsprachen den Vorgaben nach dem UIC-Merkblatt 526.
Das Untergestell als Schweißkonstruktion war mit dem Wagenkasten verschweißt und kam ohne Mittellangträger aus.
Der Wagenkasten in Sandwichbauweise beinhaltete Polyurethan als dämmendes und stützendes Material zwischen den Innen- und Außenwänden. Außen verwendete man gesickte Stahlbleche, innen Bleche aus einer Aluminiumlegierung. Das Dach wurde in herkömmlicher Stahlbauweise gefertigt, wobei der Dachraum mit Isolierschaummatten ausgelegt war. Die Innenverkleidung bestand aus Hartfaserplatten, der Fußboden oben aus einer Sperrholzschicht, einer Zwischenschicht aus Polyurethan und einer unteren Deckschicht aus glasfaserverstärktem Polyesterharz. Auf dem Boden lagen hochklappbare Aluminiumroste, die von Gabelstaplern befahren werden konnten. Zwei Schwenkschiebetüren auf jeder Längsseite ermöglichten das Be- und Entladen der Wagen. An den Stirnwänden befanden sich Eisbunker, die mit Wasser- oder Trockeneis gefüllt werden konnten. Die Wagen besaßen sowohl eine elektrische als auch eine Dampfheizleitung.

Länge über Puffer (mm)	**21.000**
Ladelänge (mm)	**18.000**
Ladebreite (mm)	**2.550**
Ladehöhe (mm)	**2.000**
Ladefläche (m²)	**46**
Laderaum (m³)	**92**
Eigenmasse (kg)	**31.500**
Lastgrenzen (kg)	
A	**32.500**
B	**40.500**
C	**48.500**
AS	**32.500**
BS	**40.500**
CS	**40.500**
Höchstgeschwindigkeit (km/h)	**100**
Bremse	**KE-GP**
Bauart Drehgestell	**8656 (Y 25 Cs)**
Radsatzstand im Drehgestell (mm)	**1.800**
Achsstand (mm)	**18.300**
Erstes Baujahr	**1975**

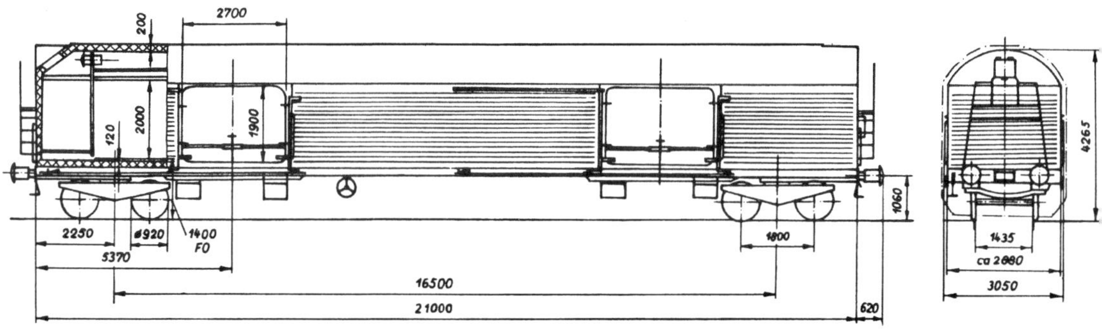

Ibbh(q)ss [8362, 8366] (Dok 4631)

Der VEB Waggonbau Dessau bekam Mitte der 1980er Jahre den Auftrag zur Fertigung zweiachsiger Eiskühlwagen vom Typ EK 2 mit starker Dämmung. 239 Wagen liefen unter der Bezeichnung Ibbhqss [8362], einer hieß Ibbhss [8366], denn er hatte als einziger keine elektrische Heizleitung.
Ähnliche Wagen lieferte Dessau an Interfrigo und die CFR. Die Wagen gehörten zur Bauart 1 nach den Vorgaben des UIC-Merkblatts 571-3, waren zur Beförderung von Fleisch mit einer Temperatur von -18° C, aber auch von Konserven und Fetten vorgesehen und konnten mit bis zu 26 Paletten von 800 x 1.200 mm beladen werden.
Um eine Höchstgeschwindigkeit von 120 km/h gewährleisten zu können, besaßen die Wagen ein überkritisches Laufwerk mit neunlagigen Blatttragfedern und Doppelschaken.
Die Bremse der Bauart KE-GP-A hatte eine automatische Lastabbremsung mit pneumatischem Wiegeventil. Etwa 40 Prozent der Kühlwagen bekam zusätzlich eine Feststellbremse, die vom Boden aus mit Handrädern an den Längsseiten bedient werden konnte.
Das Untergestell war so ausgeführt, dass eine automatische Mittelpufferkupplung nachgerüstet werden konnte. Geliefert wurden die Wagen mit normaler Schraubenkupplung und Hochleistungs-Hülsenpuffern der Bauart Ringfeder.
Ihr Wagenkasten nach dem Baukastenprinzip bestand aus dem Wagenboden, den Wänden, dem Türrahmen mit den Türen und dem Dach. Alle Elemente waren miteinander und mit dem Untergestell verschweißt. Polyurethan und Polystyren-Hartschaum dämmten den Wagenkasten und das Dach. Bei den Wänden gelangten korrosionsträge Stahlbleche zum Einbau, innen wurde eine Aluminium-Magnesium-Legierung verwendet. Die Schwenkschiebtüren waren mit Profilgummis abgedichtet und besaßen einen Zentralverschluss, der aus zolltechnischen Gründen plombiert werden konnte. An den Stirnseiten waren Wassereisbehälter integriert, die durch Stirnluken beschickt und gereinigt werden konnten. Unter dem Dach war ein Trockeneiskanal vorhanden. Auf dem Boden lagen befahrbare Roste aus eloxiertem Aluminium.

Länge über Puffer (mm)	**14.020**
Ladelänge (mm)	**10.800**
Ladebreite (mm)	**2.550**
Ladefläche (m²)	**27,5**
Laderaum (m³)	**55**
Eigenmasse (kg)	**15.800**
Lastgrenzen (kg)	
AS	**16.200**
BS	**20.200**
CS	**24.200**
ASS	**16.200**
BSS	**20.200**
CSS	**20.200**
Höchstgeschwindigkeit (km/h)	**120**
Bremse	**KE-GP-A**
Radsatzstand (mm)	**8.000**
Erstes Baujahr	**1986**

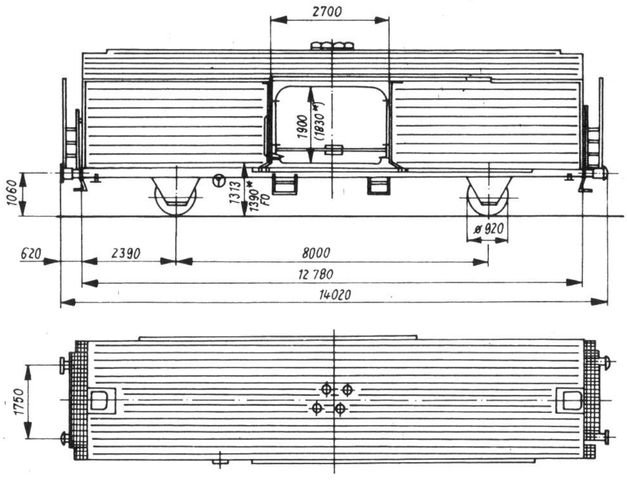

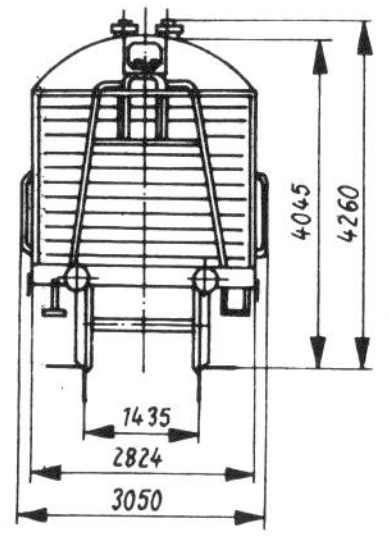

*) über Fußbodenroste

Kkklms [3440] (Dok 0772)

Ein Teil der zu Beginn des Zweiten Weltkriegs gebauten, zweiachsigen Rungenwagen der Bauart »R(mr)s Stuttgart« verblieben nach Kriegsende in der sowjetischen Besatzungszone und gelangten zunächst als Rmrs unter den Nummern 62-20-xx in den Bestand der Deutschen Reichsbahn. Sie nutzte die Fahrzeuge für den Transport von Walzwerkerzeugnissen, Baufertigteilen, Schüttgütern, sperrigen Gütern, Straßenfahrzeugen und Containern – wobei keine Befestigungseinrichtungen für Container vorhanden waren. Zu den eigenen Exemplaren übernahm die Reichsbahn im Jahr 1990 rund 1.650 Wagen dieses Typs von der Deutschen Bundesbahn. 1994 kamen noch rund 1.000 Wagen zur Deutschen Bahn AG, die sie aber nicht mehr nutzte und noch im gleichen Jahr ausmusterte.

Länge über Puffer (mm)	12.100/12.800[1]
Ladelänge (mm)	10.660
Ladebreite (mm)	2.672
Ladehöhe (mm)	400
Ladefläche (m^2)	28,5
Eigenmasse (kg)	11.500/13.000[1]
Lastgrenzen (kg)	
A	20.000
B	21.000
C	20.000
Höchstgeschwindigkeit (km/h)	100
Bremse	Hik-GP
Radsatzstand (mm)	8.000
Erstes Baujahr	1938

[1] ohne/mit Feststellbremse

Das Laufwerk besaß zwei Vollradsätze, die in Gleitlagern geführt wurden. Später tauschte man die Gleitlager gegen Rollenradsatzlager aus. Einfachschaken und Blatttragfedern verbanden die Radsatzlagergehäuse mit den Federböcken am Untergestell. Der Wagenkasten bestand aus sechs stählernen Seitenborden und zwei ebenfalls aus Stahl gefertigten Stirnborden mit Steckrungen an den Seitenwänden und an den Stirnwänden. Zur Abstützung der Stirn- und Seitenwandborde waren kurze Drehrungen angebracht. Die Borde waren so ausgelegt, dass im abgeklappten Zustand ein ungehindertes Befahren des Wagens von Seiten- bzw. Kopframpen ermöglicht wurde. Der Wagenboden aus Holzbohlen war für das Befahren von Flurförderfahrzeugen geeignet.

Ks [3300, 3301] (Dok 5526, 5528)

Für den Transport von Walzwerkerzeugnissen, Baufertigteilen, Schüttgütern und sperrigen Gütern wie Straßenfahrzeugen und Containern nahm die Reichsbahn ab 1969 neue zweiachsige Flachwagen mit Rungen in ihren Bestand auf. Die Ks [3300] ohne Feststellbremse lieferte der rumänische Waggonbauer UV Arad, die Ks [3301] mit Feststellbremse stammten von der Waggonfabrik Niesky. Bei der Deutschen Bahn AG werden die Wagen seit 1994 als Ks 446 (ex Ks [3300]) und Ks 447 (ex Ks [3301]) geführt.

Allen Wagen gemeinsam war die Druckluftbremse der Bauart KE-GP mit einem Bremszylinder und zweistufiger Lastabbremsung.

Das geschweißte Untergestell aus unterschiedlichen Stahlprofilen war für den Einbau einer automatischen Mittelpufferkupplung ausgelegt. Es wurde bei den von Niesky gebauten Wagen durch ein ebenes Sprengwerk ausgesteift und an einem Ende um eine Übergangsbühne ergänzt, deren Geländer versenkt werden konnte.

Der Aufbau bestand aus zwölf stählernen Seitenwandsegmenten und zwei stählernen Stirnborden. An den Längsseiten waren zwölf Drehrungen montiert. An den Stirnwänden befanden sich vier Steckrungen. Der Wagenboden war aus Holzbohlen gefertigt. Die Borde ließen im abgeklappten Zustand ein unbehindertes Befahren des Wagens von Seiten- und Kopframpen zu. Mit abgeklappten Seitenborden wurde allerdings das Umgrenzungsprofil überschritten.

Länge über Puffer (mm)	**13.660/14.230[1)]**
Ladelänge (mm)	**12.500**
Ladebreite (mm)	**2.780**
Ladehöhe (mm)	
Wand	**450**
Rungen	**1.290**
Ladefläche (m²)	**35**
Eigenmasse (kg)	**12.500**
Lastgrenzen (kg)	
A	**19.500**
B	**23.500**
C	**27.500**
AS	**19.500**
BS	**23.500**
CS	**23.500**
Höchstgeschwindigkeit (km/h)	**100**
Bremse	**KE-GP**
Radsatzstand (mm)	**8.000**
Erstes Baujahr	**1969**
[1)] ohne/mit Feststellbremse	

Laaek(qss-z) [4357, 4393] (Dok 0748)

In den 1950er Jahren standen der Deutschen Reichsbahn nur Flach- oder Hochbordwagen zum Transport von Pkw zur Verfügung. Um das bei diesen Wagen sehr zeit- und personalaufwändige Be- und Entladen zu vermeiden, entschloss sie sich zur Beschaffung spezieller Autotransportwagen. Sie vergab einen Auftrag an den VEB Waggonbau Niesky zur Fertigung zweiteiliger Doppelstockwagen, auf denen jeweils zwölf Fahrzeuge der Marken »Trabant« und »Wartburg« von den Herstellern zu den Verkaufsstellen gebracht werden konnten. Die Wagen wurden zwischen 1958 und 1960 geliefert und zunächst als OgII(hssw) und später als Laaek(qss-z) [4357] bezeichnet.

Jede Wagenhälfte hatte zwei rollengelagerte Radsätze mit sechslagigen Blatttragfedern und Doppelschaken.

Die Druckluftbremse gehörte zur Bauart Hik-GP und erlaubte eine Höchstgeschwindigkeit von 80 km/h. Zudem gab es eine manuell zu bedienende Feststellbremse.

Schraubenkupplungen und normale Zughaken stellten sowohl die Verbindung zu den Nachbarfahrzeugen als auch zwischen den beiden Wagenhälften her. Hülsenpuffer der Bauart Ringfeder übertrugen Stoßkräfte auf die Nachbarfahrzeuge. Zwischen den beiden Teilen befanden sich Hilfspuffer.

Für das geschweißte Untergestell dienten unterschiedliche Walzprofile, die die Lang- und Querträger bildeten. Je vier senkrechte Säulen trugen die obere Ladeebene. Sie war an Seilen aufgehängt und konnte manuell mit Winden und Kurbeln nach unten und oben bewegt werden. Bolzen dienten zu ihrer Arretierung. Die oberen Ebenen konnten entweder parallel bewegt werden oder nur an einem Ende, so entstand eine schräge Rampe. Dank Überfahrbrücken konnten mehrere dieser Wagen durchgängig befahren werden. Unten waren die Klappen fest montiert, oben klappbar. Spurrinnen sorgten für ein Geradeauslauf der Pkw. In Lochschienen einsteckbare Radvorleger dienten zur Sicherung der Autos. Um die Wagen auch in Reisezügen einsetzten zu können, wurden einige von ihnen mit einer elektrischen und einer Dampfheizleitung ausgestattet. Außerdem bekamen diese Wagen eine Druckluftbremse der Bauart KE-GP-A und konnten damit 120 km/h schnell fahren. Außerdem mussten dafür zusätzliche Gewichte eingebaut und das Radreifenprofil verändert werden.

Länge über Puffer (mm)	23.500
Ladelänge (mm)	
oben	21.720
unten	21.730
Ladebreite (mm)	
oben	2.680
unten	2.800
Ladehöhe unten (mm)	1.620
Ladefläche (m²)	
oben	58
unten	61
Eigenmasse (kg)	17.000
Lastgrenzen (kg)	
A(SS)	12.000
B(SS)	12.000
C(SS)	12.000
Höchstgeschwindigkeit (km/h)	80, 120
Bremse	Hik-GP, KE-GP-A
Radsatzstand (mm)	2 x 6.600
Erstes Baujahr	1958

Lb [4010] (Dok 0844)

Ab Mitte der 1950er Jahre befasst sich die Deutsche Reichsbahn mit der Beförderung von Behältern für den Haus-zu-Haus-Verkehr. Dazu beschaffte sie mehrere Versuchswagen und Kleinserien von Tragwagen mit unterschiedlich vielen Ständen, darunter 1959 die fünfständigen BTmm; Lbk [4010] und 1960 die dreiständige Bauart BTw; Lbk [4056].
Mit den Haus-zu-Haus-Behälter konnten auch Kunden ohne Gleisanschluss schnell beliefert werden, denn die Behälter wurden samt Inhalt auf Straßenfahrzeuge umgeladen und weiterbefördert. Außerdem waren die Behälter recht kleine Ladeeinheiten, die auch Kunden mit wenig Warenvolumen nutzen konnten. Allerdings setzte sich der Haus-zu-Haus-Verkehr in der DDR nicht durch und die Wagen wurden schon in den 1960er Jahren abgestellt und zu normalen Flachwagen umgebaut.
Die fünfständigen Fahrzeuge liefen auf Vollradsätzen mit Rollenlagern, achtlagigen Blattfedern und Doppelschaken. Das Laufwerk entsprach den Vorgaben der UIC.
Die Druckluftbremse der Bauart Hik-GP hatte einen Bremsgestängesteller und einen Bremszylinder. Einige Wagen waren mit einer Feststellbremse ausgestattet, die über eine Kurbel von der Stirnbühne aus bedient werden musste.
Die durchgehende Zugvorrichtung hatte Evolutfedern und normale Schraubenkupplungen mit Zughaken nach den Richtlinien der TGL.
Das geschweißte Untergestell mit ebenem Sprengwerk setzte sich aus gekanteten Profilen zusammen. Bei Wagen mit Feststellbremse war es um 100 mm lange Stirnbühne verlängert.
Die Querträger des Untergestells wurden als Führungsschienen für die Behälter genutzt, dazwischen lagen Holzbretter als Boden. Spannschlösser und Radvorleger verhinderten eine selbstständige Bewegung der Behälter.
Zur Überfahrt der Behälter auf Lastkraftwagen konnten Ladeschienen ausgeklappt werden. Außerdem ließen sich die Behälter auch mit Krananlagen auf- und abladen.
Wurden die Wagen nicht zur Beförderung von Behältern genutzt, konnten sie auch als normale Flachwagen eingesetzt werden. Hier wurden die Ladeschienen zu den Seitenrungen.

Länge über Puffer (mm)	13.840/13.940[1)]
Ladelänge des Behälters (mm)	2.700
Ladebreite des Behälters (mm)	2.100
Ladehöhe des Behälters (mm)	1.750
Ladefläche des Behälters (m^2)	5,67
Laderaum des Behälters (m^3)	9,92
Lastgrenzen (kg)	
A	18.000
B	22.000
C	26.000
Höchstgeschwindigkeit (km/h)	80
Bremse	Hik-GP
Radsatzstand (mm)	7.900
Erstes Baujahr	1959

[1)] ohne Handbremse/mit Handbremse

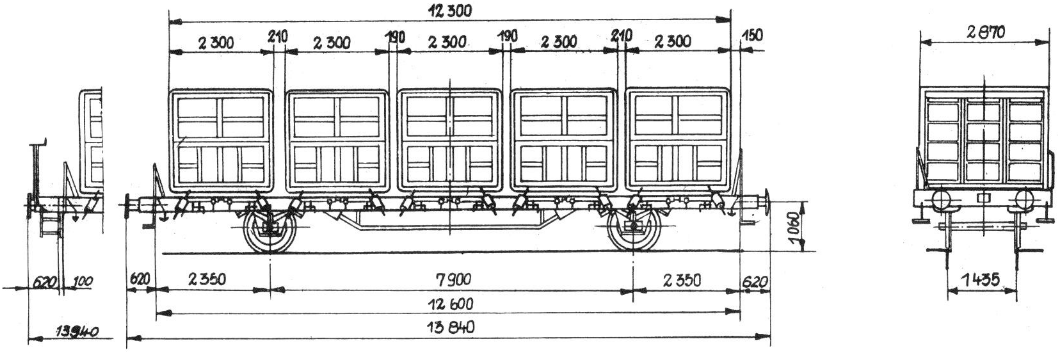

Leks [4180] (Dok 5300)

In den Jahren 1976 bis 1978 beschaffte die Reichsbahn die zweiachsigen Autotransportwagen der Bauart Leks [4180]. Gebaut wurden die 300 Exemplare von Ceská Lípa in der Tschechoslowakei. Fast alle Wagen kamen 1994 noch zur DB AG und wurden als Leks 557 bezeichnet. Die DB hatte jedoch keinen Bedarf mehr an diesen Wagen und ließ sie daher in die einstöckigen und zweiteiligen Autotransportwagen der Bauart Laadrs 557 umbauen.

Die Wagen liefen auf rollengelagerten Radsätzen nach den Vorgaben der UIC. Achtlagige Blatttragfedern und doppelte Federschaken verbanden die Radsatzlagergehäuse mit den Federböcken am Untergestell.

Die abschaltbare Druckluftbremse der Bauart KE-GP mit einem zweistufigen Lastwechsel, einem Bremsgestängesteller und einfachen Bremssohlen wurde durch eine Feststellbremse ergänzt, die vom Unterstock aus mit einem Handrad bedient werden konnte.

Die durchgehende Zugeinrichtung war mit normalen Schraubenkupplungen und Zughaken ausgestattet. Als Stoßeinrichtung dienten Ringfeder-Hülsenpuffer. Deren Teller waren wegen der Überfahrbrücken oben abgeflacht. Die Wagen waren für den Einbau der automatischen Mittelpufferkupplung vorbereitet.

Das Untergestell mit Sprengwerk war eine Schweißkonstruktion aus Walzprofilen und Blechen. An ihm waren acht senkrechte Säulen angeschweißt, die das obere Stockwerk trugen. Die obere, geteilte Ladefläche konnte an beiden Enden zum Be- und Entladen abgesenkt werden. Die Hebe- und Senkeinrichtung ließ sich vom Boden aus mit Kurbeln und Seilen bedienen. Vier klappbare bzw. waagerecht verschiebbare Überfahrbrücken an den Enden der Ladeflächen ermöglichten das Überfahren von einem Wagen zum nächsten. Zur Sicherung der Automobile besaßen die Wagen bewegliche Radvorleger.

Länge über Puffer (mm)	15.840
Ladelänge (mm)	15.205/14.600[1)]
Ladebreite (mm)	2.580/2.700[1)]
Ladehöhe (mm)	1.459/1.611
Ladefläche (m^2)	36,8/39,4[1)]
Eigenmasse (kg)	17.000
Lastgrenzen (kg)	
A	9.000
B	9.000
C	9.000
Höchstgeschwindigkeit (km/h)	100
Bremse	KE-GP
Radsatzstand (mm)	9.000
Erstes Baujahr	1976

[1)] Oberdeck/Unterdeck

Leks [4178, 4179] (Dok 5301)

Die »Kraftfahrzeugtransporteinheit« der Bauart Laaers [4363] war speziell für den Transport von Personenkraftwagen bestimmt. Die 500 ursprünglich einteiligen, zweiachsigen Wagen wurden 1986/87 bei ANF und AFR in Frankreich gebaut. 1992 wurden sie in den Raw Berlin und Leipzig zu festgekuppelten Doppeleinheiten verbunden. 1994 kamen die Wagen als Laaers 558 zur Deutschen Bahn AG, wurden aber bis 2006 alle ausgemustert.

Die Druckluftbremse der Bauart Knorr KE-GP-A ergänzte bei 350 Wagen eine Handbremse, die von einer unteren Ladebühne aus betätigt werden konnte.

Die Doppeleinheit bestand aus zwei zweiachsigen Wagenelementen, die mit einer besonderen Kurzkupplung im Betrieb nicht trennbar miteinander verbunden waren. An den Enden waren die Wagen mit normalen Schraubenkupplungen und Ringfeder-Hülsenpuffern nach UIC-Vorgabe 526-1, Kategorie A, ausgestattet.

Jedes Wagenelement besaß eine untere und eine obere Ladebühne, wobei die beiden oberen Ladebühnen an je vier Tragsäulen an Arretierungshaken aufgehängt waren. Sie ließen sich durch Seilwinden stirnseitig auf die unteren Ladebühnen absenken und konnten so bei der Verladung als Auffahrrampe genutzt werden. Ursprünglich war sogar eine Absenkung der ganzen oberen Ladeebenen möglich und so konnten sogar Busse und Lkw befördert werden. Die oberen und unteren Ladebühnen waren stirnseitig mit klappbaren Überfahrbrücken ausgestattet. Die Arretierung der zu transportierenden Fahrzeuge erfolgte durch Radvorleger der Bauart »Niesky«, die auf Lochschienen beweglich angeordnet waren. Jeweils 32 Radvorleger waren auf den unteren und oberen Ladebühnen vorhanden. Die oberen Ladebühnen konnten über zwei Aufstiegsleitern je Wagenseite bestiegen werden.

Länge über Puffer (mm)	30.400
Ladelänge (mm)	29.500/29.970[1)]
Ladebreite (mm)	3.000/2.800[1)]
Ladehöhe (mm)	1.660/1.720[1)]
Eigenmasse (kg)	35.500
Lastgrenzen (kg)	
A	27.500
B	30.000
C	30.000
Höchstgeschwindigkeit (km/h)	120
Bremse	KE-GP
Radsatzstand (mm)	2 x 9.000
Erstes Baujahr	1992
[1)] Oberdeck/Unterdeck	

Rlmmp [3890] (Dok 0808, 0811)

Zur Beförderung schwerer Lasten wie großer Maschinen, Straßenfahrzeugen aber auch Militärgerät stellte die Reichsbahn ab 1952 vierachsige Flachwagen mit Seitenrungen als Rlmmp [3890] in Dienst. Sie kamen vom VEB LOWA Görlitz und basierten auf einem Typ, der bereits ab 1942 gebaut worden war und von denen einige Exemplare zur Reichsbahn gelangten. Die Altfahrzeuge erhielten die gleiche Typenbezeichnung wie die Neubauwagen. Die geschweißten Drehgestelle waren zunächst noch mit Radsätzen bestückt, die in Gleitlagern liefen. Später wurden sie durch rollengelagerte Radsätze ausgetauscht. Es wurden Blatttragfedern verbaut.

Die Druckluftbremse der Bauart Hildebrandt Hik-G mit einem Bremszylinder bewegte Bremssohlen, die beidseitig auf alle Radsätze wirkten. Ergänzt wurde sie durch eine Feststellbremse, die mit Handrädern an den Außenlangträgern vom Boden aus angelegt und gelöst werden konnte. Dazu kamen noch eine Notbremse, die mit einer Kurbel am Bühnengeländer bedient wurde.

Länge über Puffer (mm)	**11.550**
Ladelänge (mm)	**10.250**
Ladebreite (mm)	**3.150**
Ladefläche (m²)	**32,3**
Eigenmasse (kg)	**19.200**
Lastgrenzen (kg)	
A	**44.000**
B	**52.000**
C	**60.000**
Höchstgeschwindigkeit (km/h)	**80**
Bremse	**Hik-G**
Drehgestellbauart	**969 (Niesky)**
Radsatzstand im Drehgestell (mm)	**2.000**
Radsatzstand (mm)	**8.450**
Erstes Baujahr	**1952**

Das diagonal ausgesteifte, geschweißte Untergestell bestand aus Profilen und Blechträgern aus normalem Baustahl. An einem Ende war ein bewegliches Geländer montiert. Die Außenlangträger verbreiterten sich zwischen den Drehgestellen fischbauchartig nach unten. Als Fußboden kamen 72 mm dicke Bohlen aus Weichholz zur Anwendung, in die 14 Binderinge zur Befestigung des Ladeguts eingelassen waren. Vier Rungen auf jeder Längsseite verhinderten das Herunterfallen des Ladeguts. Sie hatten oben Binderinge, an denen das Ladegut ebenfalls verzurrt werden konnte.

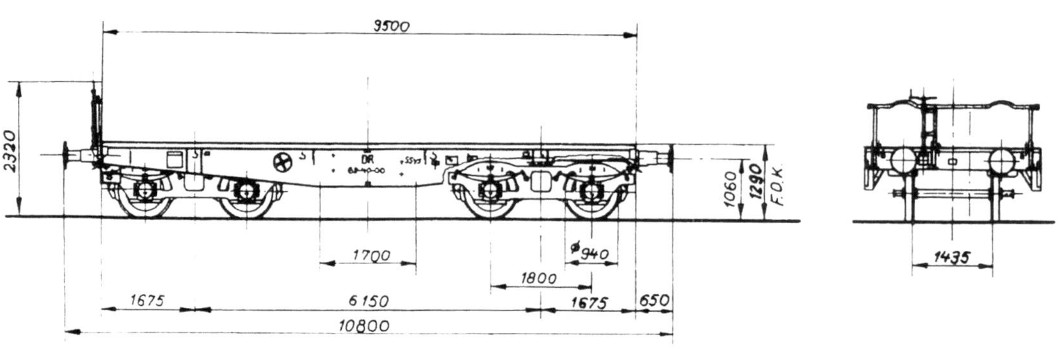

Rgs [3910] (Dok 5852 – 5954)

Ab Mitte der 1960er Jahre setzte sich auch bei der Reichsbahn der Transport von Containern auf der Schiene durch. Dafür musste sie aber erst passende Tragwagen in Dienst stellen. Sie entschied sich für den Neubau vierachsiger Flachwagen mit Rungen und Containerzapfen, aber ohne Seitenwände. In dieser Form konnten die Wagen auch zur Beförderung anderer Güter eingesetzt werden. Die erste Lieferung mit insgesamt 530 Exemplaren von 1969 bis 1972 übernahm der Waggonbau Niesky, welche die Reichsbahn als Rgs [3910] in ihrem Bestand führte. Ein weitaus größerer Auftrag, nämlich über gut 2.300 Fahrzeuge, ging an das rumänische UV Arad. Eine letzte, nur 300 Wagen umfassende Serie lieferte der jugoslawische Hersteller VMC Sarajewo. Damit besaß die Reichsbahn nun über 3.000 Wagen dieser Bauart, die den UIC-Vorgaben 571-2 entsprachen.

Ab 1991 wurden zahlreiche Fahrzeuge in Schienentransportwagen umgebaut und noch für interne Zwecke benutzt. 1994 gelangten die meisten zur Deutschen Bahn AG. Dort hatte man jedoch genügend richtige Containertragwagen, so dass man sie nur noch als Flachwagen nutzte und als Rs 668 bis 670 bezeichnete. 2005 schieden dann die letzten Bauarten aus.

Die Wagen liefen auf Drehgestellen der Bauart Niesky 962 mit Vollradsätzen, Rollenradsatzlagern, Blatttragfedern und kurzen Schaken.

Die Bremseinrichtung bestand aus einer Druckluftbremse der Bauart Knorr KE-GP mit dreistufiger Lastabbremsung und einer Feststellbremse, die mit einem Handrad am Langträger vom Boden aus bedient werden konnte.

Der mittlere Langträger war zur Verbesserung der Stabilität in der Mitte nach unten verbreitert. An den Längsseiten der Außenlangträger befanden sich je acht Drehrungen. Niedrige Stirnborde schlossen die Ladefläche an den Enden der Wagen ab.

Länge über Puffer (mm)	20.220
Ladelänge (mm)	18.540
Ladebreite (mm)	2.740
Ladefläche (m²)	50,7
Eigenmasse (kg)	26.000
Lastgrenzen (kg)	
A	38.000
B	46.000
C	54.000
AS	38.000
BS	46.000
CS	46.000
Höchstgeschwindigkeit (km/h)	100
Bremse	KE-GP
Drehgestellbauart	962 (Niesky)
Radsatzstand im Drehgestell (mm)	2.000
Achsstand (mm)	16.600
Erstes Baujahr	1969

Res [3936] (Dok 5575)

Unter der Bezeichnung Res [3936] fasste die Reichsbahn zahlreiche vierachsige Flachwagen mit Drehrungen und Seitenborden zusammen, die von unterschiedlichen Herstellern geliefert wurden. Die ersten 500 Fahrzeuge dieses Typs stammten von ANF aus Frankreich, geliefert in den Jahren 1975 und 1976. Zwischen 1976 und 1988 baute das Raw Eberswalde rund 1.200 ähnliche Wagen, die ebenfalls als Res [3936] eingereiht wurden. 1977/78 entstanden beim Waggonbau Niesky 385 Exemplare dieses Typs. Ab 1988 nutzte das Raw Eberswalde andere Drehgestelle bei der Produktion. Diese Wagen wurden ab 1989 zur Unterscheidung als Res [3997] bezeichnet. Insgesamt verfügte die Reichsbahn also über mehr als 2.000 Wagen dieser Bauarten. Bei der Übernahme teilte die DB AG den Wagen je nach Hersteller die Bezeichnungen Res 675 bis 678 zu.

Als Laufwerk wählten die Konstrukteure solche vom Typ Y 25 Cs mit Schraubenfedern und rollengelagerten Radsätzen.

Außer der Druckluftbremse der Bauart KE-GP besaßen alle Wagen eine vom Boden aus bedienbare Feststellbremse, die auf alle Radsätze wirkte. Beim Untergestell, einer als Schweißkonstruktion aus Blechen und Profilen, verbreiterte man den mittleren Langträger zur Verstärkung zwischen den Drehgestellen nach unten hin.

Der Aufbau bestand aus zwei Stirnborden, je nach Lieferung mit 16 oder 18 Seitenborden, 16 Seitenwand-Drehrungen sowie 14 seitlichen Fallrungen und vier Fallrungen an den Stirnseiten. Die Seiten- und Stirnborde konnten nach außen abgeklappt werden. Mit umgelegten Stirnwänden und abgesenkten Rungen blieben die Wagen im Umgrenzungsprofil, mit heruntergeklappten Seitenwänden wurde dieses überschritten. Der Fußboden bestand aus 70 mm dicken, quer zur Wagenlängsachse verlegten Holzbohlen. Fußboden und Stirnborde konnten mit einer Radsatzlast von bis zu 50 kN befahren werden.

Länge über Puffer (mm)	**19.900**
Ladelänge (mm)	**18.500**
Ladebreite (mm)	**2.640**
Ladehöhe (mm)	**520/1.275**[1)]
Ladefläche (m^2)	**48,8**
Laderaum (m^3)	**25,4**
Eigenmasse (kg)	**23.500**
Lastgrenzen (kg)	
A	**40.500**
B	**48.500**
C	**56.500**
AS	**40.500**
BS	**48.500**
CS	**48.500**
Höchstgeschwindigkeit (km/h)	**120**
Bremse	**KE-GP**
Drehgestellbauart	**852 (Y 25 Cs)**
Radsatzstand im Drehgestell (mm)	**1.800**
Radsatzstand (mm)	**16.660**
Erstes Baujahr	**1975**

1) Wand/Rungen

Rmms [3960] (Dok 5581)

Länge über Puffer (mm)	12.540
Ladelänge (mm)	11.140
Ladebreite (mm)	2.720/3.150[1)]
Ladefläche (m^2)	35
Eigenmasse (kg)	19.000
Lastgrenzen (kg)	
AS	43.500
BS	53.000
CS	61.000
CM2	61.000
CM3	65.000
CM4	65.000
D	65.000
Höchstgeschwindigkeit (km/h)	120
Bremse	KE-GP
Drehgestellbauart	865 (Y Cs 25)
Radsatzstand im Drehgestell (mm)	1.800
Radsatzstand (mm)	9.300
Erstes Baujahr	1983
[1)] zwischen den Rungen/ohne Rungen	

Die vierachsigen Flachwagen der Bauart Rmms [3960] waren für die Beförderung von schweren Straßen- und Kettenfahrzeugen, aber auch von Erzeugnissen der Bauindustrie, Walzwerkerzeugnissen usw. geeignet. Sie wurden in den Jahren 1983 bis 1985 in über 1.000 Exemplaren von der tschechoslowakischen Waggonfabrik Tatravagónka Poprad für die Reichsbahn gefertigt. Weitere 50 Wagen stammten von UV Arad in Rumänien. Die Deutsche Bahn übernahm 1994 noch über eintausend Rmms [3960] und reihte sie als Rmms 662 in ihren Güterwagenpark ein.

Die zweiachsigen Drehgestelle der Bauart 865 (Y 25 Cs 2) waren mit zweistufigen Schraubenfedersätzen und rollengelagerten Vollradsätzen ausgerüstet.

Die Druckluftbremse der Bauart KE-GP mit dreistufiger Lastabbremsung hatte einen Bremszylinder, der über das Gestänge die Bremssohlen bewegte. Ein Teil der Wagen bekam außerdem eine vom Boden aus bedienbare Feststellbremse, die auf beide Drehgestelle wirkte.

Die Wagen besaßen Überfahrklappen an den Stirnseiten, um den Abstand zwischen zwei Wagen zu überbrücken und es so zu gestatten, einen ganzen aus solchen Flachwagen gebildeten Zug am Stück zu befahren. Die abgeklappten Überfahrklappen lagen auf vier Konsolen auf. In senkrechter Stellung wurden sie durch je zwei am Kopfstück angeordnete Fallrungen gehalten. Je Wagenlängsseite waren sechs absenkbare Seitenrungen vorhanden, außerdem Festbindeeinrichtungen am äußeren Langträger. Der Fußboden bestand aus 70 mm dicken Nadelholzbohlen und konnte mit einer Radlast von bis zu 50 kN befahren werden. Für die Wagen gab es abnehmbare Seitenwände, die aber nur selten genutzt wurden, weil mit Schüttgütern die Lastgrenzen nicht ausgenutzt werden konnten. 13 Wagen waren mit einem Ladegestell für die Beförderung von Dolomit-Behältern ausgestattet.

Rgs [3560, 3910] (Dok 5856)

Für die Beförderung von Wechselbehältern und Containern stattete die Reichsbahn in den Jahren 1991 bis 1993 knapp 400 der 1976/77 von der Waggonfabrik UV Arad gefertigten vierachsigen Flachwagen der Gattung Rgs [3910] mit umklappbaren Containerzapfen aus und zeichnete sie in Rgs [3560] um. Außerdem konnten die Fahrzeuge auch zur Beförderung von Wechselbehältern, Erzeugnissen aus Walzstahl, schweren Einzellasten, Fahrzeugen sowie langen und sperrigen Gütern verwendet werden. Alle Wagen gelangten 1994 zur Deutschen Bahn AG und wurden von ihr als Rgs 672 eingereiht.

Die Drehgestelle gehörten zur Bauart Y 25 Cs. Sie hatten eine H-förmigen Hauptrahmen mit Kopfstücken, Schraubenfedern und rollengelagerten Vollradsätzen.

Die Wagen besaßen außer einer dreistufigen Druckluftbremse der Bauart Ke-GP eine vom Boden aus mit einem Handrad bedienbare Feststellbremse, die auf alle Radsätze wirkte.

Das vollständig geschweißte Untergestell der Vierachser setzte sich aus einem Hauptlangträger in Fischbauchform, zwei Außenlangträgern, mehreren Querträgern und den beiden Kopfteilen zusammen. An jeder Wagenlängsseite waren acht stählerne Drehrungen und 16 Binderinge befestigt. Die beiden umklappbaren Stirnwände waren aus Stahl gefertigt und wurden durch senkrecht verschiebbare Kastenhohlrungen in senkrechter Position gehalten. Der Fußboden bestand aus 50 mm dicken Eichenholzbohlen, in den acht herausklappbare Ladeschwellen aus Eichenholz mit einer Breite von 170 mm integriert waren. Der Fußboden und die umgeklappten Stirnwände konnten mit Fahrzeugen bis zu einer Radkraft von 50 kN befahren werden. Außer den Containertragzapfen gab es zusätzlich acht versenkbare Befestigungen für Wechselbehälter.

Länge über Puffer (mm)	19.900
Ladelänge (mm)	18.500
Ladebreite (mm)	2.740
Ladefläche (m^2)	50,7
Eigenmasse (kg)	25.550
Lastgrenzen (kg)	
AS	38.500
BS	46.500
CS	54.500
Höchstgeschwindigkeit (km/h)	120
Bremse	KE-GP
Drehgestellbauart	881 (Y 25 Cs)
Radsatzstad im Drehgestell (mm)	1.800
Radsatzstand (mm)	16.660
Erstes Baujahr	1991

Res [3941] (Dok -)

Weil die Deutsche Reichsbahn 1993 noch weitere Flachwagen zur Beförderung von schweren Schüttgütern, besonders von Schotter und Aushub vom Gleisbau benötigte, ließ sie vom Raw Eberswalde 194 Containertragwagen der Bauart Rgs [3910] mit niedrigen Bordwänden aus Aluminium ausrüsten. Dabei wurden auch die Drehrungen versetzt, die Ladeschwellen und die Containertragzapfen ausgebaut und die Fußböden mit neuen Holzbohlen verkleidet. Die Wagen kamen 1994 zur Deutschen Bahn AG, wurden von ihr weiterhin im Gleisbau verwendet und erhielten die Bezeichnung Res 638.

Die umgebauten Wagen liefen weiterhin auf ihren originalen Drehgestellen der Bauart Niesky 962 mit Vollradsätzen, Rollensatzlagern und Blatttragfedern. Weil die Laufruhe der Niesky-Drehgestelle besonders im oberen Geschwindigkeitsbereich nicht überzeugen konnte, stattete die DB einige Wagen noch mit neuen Radsätzen aus. Diese Wagen blieben noch bis 2003 im Bestand, während die Wagen mit alten Radsätzen bereits bis zum Jahr 2000 ausgemustert wurden.

Die Bremse bestand aus einer dreistufigen Druckluftbremse der Bauart Knorr KE-GP und einer Feststellbremse, die mit einem Handrad am Langträger vom Boden aus bedient werden konnte.

Länge über Puffer (mm)	**20.220**
Ladelänge (mm)	**18.530**
Ladebreite (mm)	**2.740**
Ladefläche (m²)	**48,6**
Eigenmasse (kg)	**26.000**
Lastgrenzen (kg)	
AS	**38.000**
BS	**46.000**
CS	**54.000**
Höchstgeschwindigkeit (km/h)	**90/100[1)]**
Bremse	**KE-GP**
Drehgestellbauart	**879 (Niesky)**
Radsatzstand im Drehgestell (mm)	**2.000**
Radsatzstand (mm)	**16.600**
Erstes Umbaujahr	**1993**

Die Zugeinrichtung war mit normalen Schraubenkupplungen und Zughaken ausgerüstet. Stoßkräfte wurden von Hülsenpuffern der Bauart Ringfeder übertragen.

Der Unterbau mit seinem zur Verbesserung der Stabilität in der Mitte nach unten verbreiterten Mittenlangträger blieb unverändert.

Die Stirnbordwände wurden von zwei Fallrungen in senkrechter Stellung gehalten und ließen sich umlegen. Auch die Seitenwände wurden durch absenkbare Gleitrungen gesichert.

Samm [4818] (Dok 0779)

Ab Anfang der 1950er Jahre beschaffte die Reichsbahn sechsachsige Schwerlastflachwagen zur Beförderung von schwerem Militärgerät, aber auch von anderen schweren Stückgütern oder Schüttgütern. Ein Auftrag ging zunächst an den Waggonbau Niesky, der über 1.000 Exemplare lieferte. 1956 folgte ein zweites Baulos, ebenfalls aus Niesky. Die letzten der als Samm(s) [4818] bezeichneten Exemplare gelangten zwischen 1965 und 1967 aus der jugoslawischen Waggonfabrik Nis und der belgischen Fabrik La Brugeoise et Nivelles in Brügge in den Reichsbahnbestand.

Die dreiachsigen Drehgestelle waren mit rollengelagerten UIC-Radsätzen bestückt. Siebenlagige Blatttragfedern und einfache Schaken stellten die Verbindung zwischen den Radsätzen und dem Rahmen her.

Bis 1964 wurden Druckluftbremsen der Bauart Hik-G verbaut, später dann die Bauart Knorr KE-GP. Dazu kam noch eine Feststellbremse.

Die geteilte Zugvorrichtung besaß Evolutfedern und normale Schraubenkupplungen mit Zughaken. Zwei Ringfeder-Hülsenpuffer an jeder Stirnseite übertrugen die Stoßkräfte.

Das geschweißte Untergestell aus Abkant- und Walzprofilen war bei den Wagen mit Handbremse an einem Ende um eine Übergangsbühne verlängert. Diese wurden später nach und nach abgebaut. Zur Erhöhung der Stabilität waren die äußeren Langträger zwischen den Drehgestellen fischbauchartig nach unten ausgeformt.

Länge über Puffer (mm)		**15.840**
Ladelänge (mm)		**14.380**
Ladebreite (mm)		**2.670**
Ladehöhe (mm)		**600**
Ladefläche (m²)		**38,4**
Laderaum (m³)		**23**
Eigenmasse (kg)		**28.500 – 31.000**
Lastgrenzen (kg)		
	AS	**41.000 – 43.000**
	B1S	**47.000 – 49.000**
	B2S	**50.000 – 52.000**
	CS	**59.000 – 61.000**
Höchstgeschwindigkeit (km/h)		**80**
Bremse		
	bis 1964	**Hik-G**
	ab 1964	**KE-GP**
Drehgestellbauart		
	bis 1964	**984 (Niesky)**
	ab 1964	**990 (Niesky)**
Radsatzstand im Drehgestell (mm)		**2 x 1.500**
Radsatzstand (mm)		**12.500**
Erstes Baujahr		**1952**

Auf dem Untergestell standen zwölf Seiten- und zwei Stirnborde, die zunächst aus Holz gefertigt waren. Später wurden diese durch Borde aus Abkantprofilen und Stahlblechen ersetzt. Die klappbaren Stirnborde konnten überfahren werden. Der Fußboden bestand aus stabilen, auf dem Untergestell befestigten Kiefernholzbohlen.

Samms [4860] (Dok 5625)

Die Samms [4860] stellten eine Weiterentwicklung der Samms [4818] dar. Sie wurden ab 1977 vom rumänische Waggonbauer UV/Arad produziert. Auch sie dienten der Beförderung von schwerem Militärgerät und Stückgütern. Genutzt wurden sie aber auch zum Transport von Schüttgütern beispielsweise im Bauzugdienst. 1994 gelangten noch 579 Wagen zur Deutschen Bahn AG und wurden als Samms-u 454 eingereiht. Bis 2010 waren sie aber alle ausgemustert.
Die dreiachsigen Drehgestelle aus verschweißten Blechen und Profilen gehörten zur Bauart Niesky und liefen auf rollengelagerten UIC-Radsätzen mit siebenlagigen Blatttragfedern und kurzen Schaken.
Die dreistufige Druckluftbremse der Bauart Knorr KE-GP hatte eine pneumatische Umstellung, zwei Bremsgestängesteller und zwei Bremszylinder. Zusätzlich gab es eine Feststellbremse. Auf die Ausstattung mit einer Handbremse wurde verzichtet.
Die geteilte Zugvorrichtung mit Gummi-Stahlscheiben war mit normalen Schraubenkupplungen ausgestattet.
Im Gegensatz zur Vorgängerbauart waren die Außenlangträger hier eben ausgeführt. Dafür waren die Mittellangträger des Untergestells fischbauchartig nach unten ausgeformt.
Zwölf Seiten- und zwei Stirnborde aus Stahl bildeten den Aufbau. Die Borde wurden durch Fallrungen gehalten. Mit Aufsteckborden konnte der Laderaum vergrößert werden. Waren die Stirnborde abgeklappt, konnten sie überfahren werden. Für den Fußboden wurden Kiefernholzbohlen verwendet.

Länge über Puffer (mm)	15.740
Ladelänge (mm)	14.360
Ladebreite (mm)	2.650
Ladefläche (m²)	38,2
Laderaum (m³)	23
Eigenmasse (kg)	30.000
Lastgrenzen (kg)	
A	46.000
B1	49.000
B2	66.500
C	71.000
C3	78.500
C4	90.500
AS	46.000
B1S	49.000
B2S	66.500
C2S	71.000
C3S	78.500
C4S	78.500
Höchstgeschwindigkeit (km/h)	100
Bremse	2 x KE-GP
Drehgestellbauart	757 (Niesky)
Radsatzstand im Drehgestell (mm)	2 x 1.500
Radsatzstand (mm)	12.500
Erstes Baujahr	1977

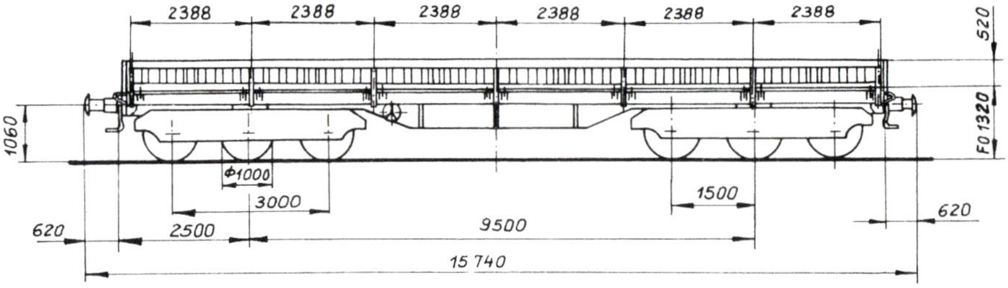

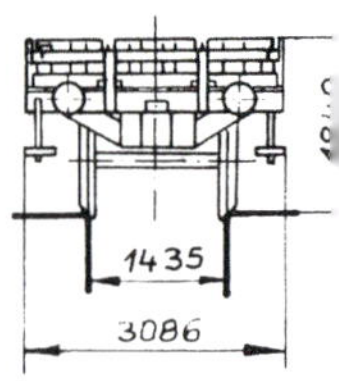

Shimmns [4670] (Dok –)

Die Wagen der Bauart Shimms [4670] dienten ausschließlich der Beförderung von witterungsempfindlichen Blechrollen, den sogenannten Coils. Solche Wagen standen bereits seit 1976 als Shis 708 bei der Deutschen Bundesbahn in Dienst, als sich die Reichsbahn 1992 entschloss, 250 Exemplare dieses Typs in ihren Bestand aufzunehmen.

Das Untergestell bestand aus den Außenlangträgern, den Hauptquerträgern und den Kopfstücken. Dafür wurden Walz- und Abkantprofile verwendet. Sattelförmige Querträger bildeten mit 6 mm dicken Muldenblechen die fünf Lademulden.

Die Wagen hatten zwei feste Stirnwände, zwischen denen drei Hauben liefen. Diese ließen sich teleskopartig übereinander schieben und gaben so jeweils zwei Drittel des Laderaums frei. Eine Be- und Entladung war sowohl von oben als auch von der Seite aus möglich. Die Wagen durften nur mit geschlossenen und verriegelten Hauben bewegt werden. Die Hauben als eine Hohlprofil-Rahmenkonstruktion liefen auf Schienen an den Längsseiten und besaßen vier mit Abhebesicherungen versehene Laufwagen mit nadelgelagerten Doppelrollen. Die Abdichtung der Hauben übernahmen labyrinthartige Umrandungsprofile. In geschlossener Stellung verriegelten sich die Endhauben automatisch. Das Entriegeln konnte vom Erdboden und von Rampe aus vorgenommen werden. Die beidseitig an jeder Stirnwand angeordneten Verriegelungseinrichtungen waren durch Wellen miteinander verbunden, so dass eine Bedienung von nur einer Wagenseite aus erfolgen konnte.

Länge über Puffer (mm)	12.040
Ladelänge (mm)	10.800
Ladebreite (mm)	2.400
Eigenmasse (mm)	22.800
Lastgrenzen (kg)	
AS	37.000
B1S	37.000
B2S	49.000
C2S	54.000
C3S	59.000
C4S	59.000
D2S	54.000
D3S	63.500
D4S	67.000
Cm	61.000
Höchstgeschwindigkeit (km/h)	120
Bremse	KE-GP
Drehgestellbauart	652
Radsatzstand im Drehgestell (mm)	1.800
Radsatzstand (mm)	8.800
Erstes Baujahr	1992

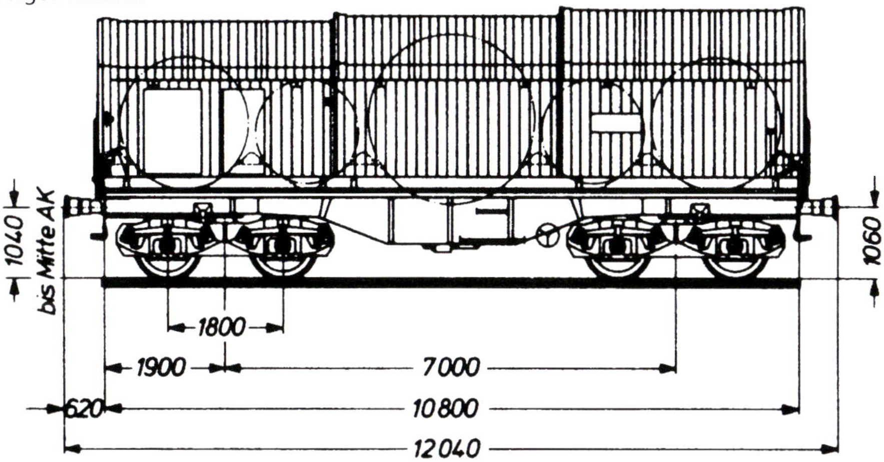

T-v [5600] (Dok 0678)

Die Klappdeckelwagen dienen zum Transport von nässeempfindlichen Schüttgütern wie Kalk, Kunstdünger und ähnlichen Produkten. Sie wurden ab 1952 von der Deutschen Reichsbahn der DDR in Betrieb genommen.
Die zweiachsigen Wagen haben Radsätze mit Gleitlagern und einem Achslagermittenabstand von 1.956 mm. Der Laufkreisdurchmesser beträgt 1.000 mm. Siebenlagige Blatttragfedern mit einem Querschnitt von 120 x 16 mm und einer Länge von 1.400 mm verbinden die Achslagergehäuse über eine einfache Schakenaufhängung mit dem Untergestell.
Dieses ist eine Schweißkonstruktion aus Walzprofilen. Kopfstücke, Federböcke und Achshalter sind angenietet. Das Untergestell ist diagonalsteif und wird durch ein räumliches Sprengwerk ausgesteift.
Durchgehende Zugeinrichtung ist mit normalen Schraubenkupplungen und Zughaken nach TGL-Vorgaben bestückt. Als Stoßeinrichtung dienen Hülsenpuffer.
Die Druckluftbremse gehört zur Bauart Hik-G, hat ein Steuerventil vom Typ Hik p1, einen Bremszylinder, eine zweistufige Lastabbremsung, einen Bremsgestängesteller vom Typ DA 2-450 und Bremsklötze aus Grauguss. Ein Teil der Wagen ist mit einer Handbremse ausgerüstet. Die noch vorhandenen Bremserhäuser werden bei Schäden abgebaut. Hand- und Druckluftbremse wirken doppelseitig auf alle Räder doppelseitig.
Die Bremserbühne ist von beiden Wagenseiten zugängig. Am Nichtbremsende befinden sich zwei Ecktritte. Beide Stirnseiten besitzen Kupplergriffe und UIC-Signalstützen.
Der Wagenkasten ist aus 3 bzw. 4 mm dicken Blechen und Profilen in Schweißausführung hergestellt. Der Fußboden ist aus Holz gefertigt.
In jeder Seitenwand ist eine zweiteilige Drehtür mit 1.500 mm lichter Türöffnung. Auf dem Dach befinden sich auf jeder Seite drei Klappdeckel. Ursprünglich wurden einige Wagen mit fünf Klappdeckeln je Wagenseite ausgerüstet. Türen und Klappdeckel sind aus gepresstem Stahl hergestellt.

Länge über Puffer (mm)	9.040
Ladebreite (mm)	2.812
Ladehöhe (mm)	1.250
Ladefläche (m²)	21,9
Laderaum (m³)	27,4
Eigenmasse (kg)	10.400/11.000[1)]
Lastgrenzen (kg)	
A	21.000
B	21.000
C	21.000
Höchstgeschwindigkeit (km/h)	80
Bremse	Hik-G
Radsatzstand (mm)	6.000
Erstes Baujahr	1952

[1)] ohne/mit Feststellbremse

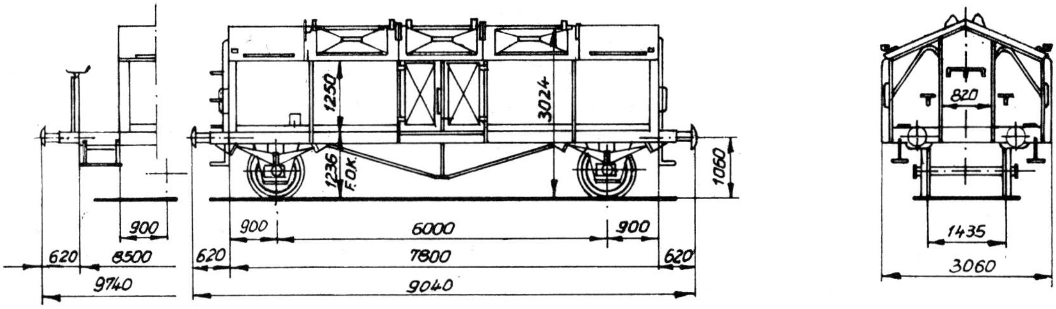

Tm(-v) [5605] (Dok 0685)

Die Klappdeckelwagen der Bauart Kmm wurden ab 1957 beschafft, um alte Vorkriegswagen dieses Typs zu ergänzen und später abzulösen. Sie dienten bevorzugt zur Beförderung nässeempfindlicher Schüttgüter.
Sie besaßen rollenlagerte Radsätze nach UIC-Vorgaben und siebenlagige Blattfedern mit Doppelschaken nach TGL-Vorgaben.
Die Druckluftbremse der Bauart Hik-GP wirkte mit einem Bremszylinder, einer zweistufigen Lastabbremsung und einem selbsttätigen Bremsgestängesteller auf die Radsätze. Bei einigen Wagen vervollständigten eine Handbremse und eine Bremserbühne die Ausrüstung.
Die durchgehende Zugeinrichtung hatte Evolutfedern und normale Schraubenkupplungen. Als Stoßeinrichtung dienten Hülsenpuffer mit Ringfedern.
Das diagonalsteife Untergestell als Leichtbau-Schweißkonstruktion bestand aus Profilträgern und abgekanteten Voutenblechen. Kopfstücke, Achshalter und Federböcke waren angenietet.
Alle mit dem Ladegut in Berührung kommenden Bauteile des in Wannenform ausgeführten Wagenkastens erhielten eine Kupferbeimischung. In die Seitenwänden waren zweiflügelige Drehtüren integriert. Beide Stirnwände waren mit Klappen zur Entleerung der Wagen auf Kippanlagen versehen. Vom Langträger bis zur Seitenwand war der Fußboden in Form von Blechvouten ausgeführt, die mit zum Tragen herangezogen wurden. Zwischen den Langträgern lagen Holzbohlen. Das Dach besaß einen kastenförmigen, freitragenden Firstträger. Zu beiden Seiten befanden sich je sechs klappbare Deckel, die beiden ersten, je Seite diagonal versetzten Klappen jedoch nur mit halber Breite. Den Türen und Klappen genügten einfache Verschlüsse.

Länge über Puffer (mm)	9.000
Ladelänge (mm)	7.550
Ladebreite (mm)	2.760
Ladefläche (m²)	20,84
Laderaum (m³)	39
Eigenmasse (kg)	11.700/12.200[1)]
Lastgrenzen (kg)	
A	20.000
B	24.000
C	28.000
Höchstgeschwindigkeit (km/h)	80
Bremse	Hik-GP
Radsatzstand (mm)	4.850
Erstes Baujahr	1957

[1)] ohne/mit Feststellbremse

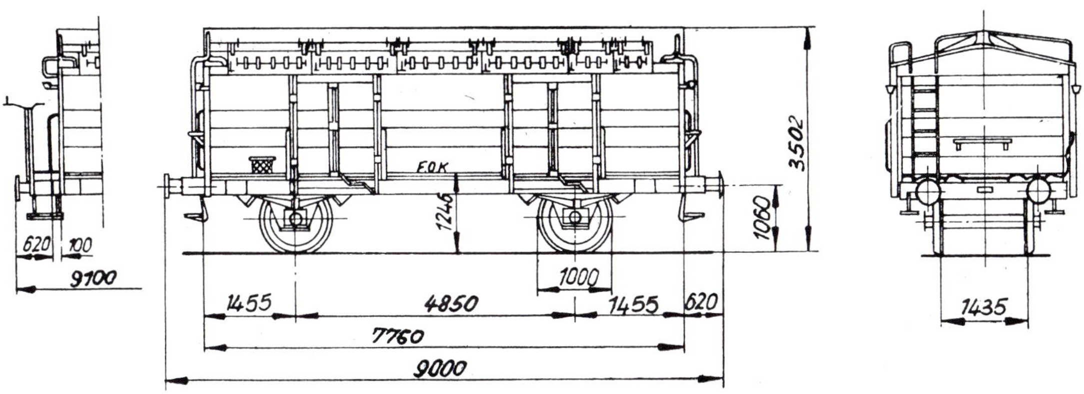

Takkll [5673] (Dok 0859)

Als Spezialwagen mit Klappdeckel und Rutschen dienten die vierachsigen Takkll [5673] dem Transport von nässeempfindlichen Schüttgütern wie Gips oder Kalk. Erste Wagen nahm die Reichsbahn 1954 vom VEB Waggonbau Niesky in den Bestand auf. 1961 folgte eine weitere Bauserie, ebenfalls von Niesky. Die Deutsche Bahn AG übernahm 1994 nur noch ca. 50 Fahrzeuge, die sie aber bis Mitte 1998 ausmusterte.

Zur Ausstattung der Drehgestelle gehörten rollengelagerte Radsätze nach UIC-Vorgaben, siebenlagige Blatttragfedern und einfache Federschaken.

Die selbsttätige Druckluftbremse der Bauart Hik-GP mit zweistufiger Lastabbremsung besaß einen Bremsgestängesteller und einen Bremszylinder. Außerdem hatten die Wagen eine auf offener Bühne zu betätigende Handbremse.

Vorhanden war eine geteilte Zugeinrichtung mit Zughaken und Schraubenkupplung nach TGL-Vorgaben. Die als Stoßeinrichtung dienenden Puffer der Bauart Ringfeder wiesen eine Endkraft von 350 kN und runde Pufferteller auf. Der Einbau einer automatischen Mittelpufferkupplung war möglich.

Länge über Puffer (mm)	**12.240**
Ladelänge (mm)	**5.470**
Ladebreite (mm)	**2.830**
Laderaum (m³)	**25**
Eigenmasse (kg)	**22.700**
Lastgrenzen (kg)	
A	**35.000**
B1	**36.000**
B2	**46.000**
C	**46.000**
Höchstgeschwindigkeit (km/h)	**90**
Bremse	**Hik-GP**
Drehgestellbauart	**962 (Niesky)**
Radsatzstand im Drehgestell (mm)	**2.000**
Radsatzstand (mm)	**9.000**
Erstes Baujahr	**1961**

Das Untergestell als eine Schweißkonstruktion aus Walzprofilen und Blechträgern bestand aus den beiden äußeren Langträgern, den Hauptquerträgern und den Untergestellvorbauten. Die Hauptquerträger übertrugen dabei alle vertikalen Kräfte auf die Drehgestelle. Die am Handbremsende befindliche Bremser- und

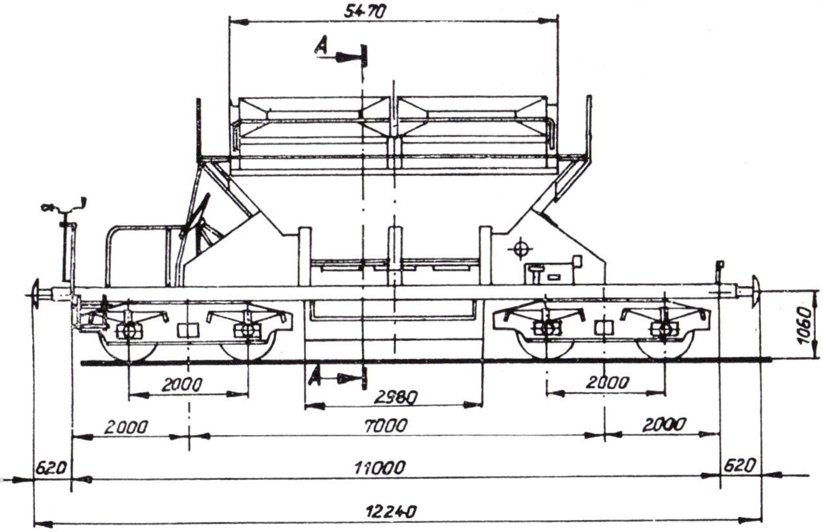

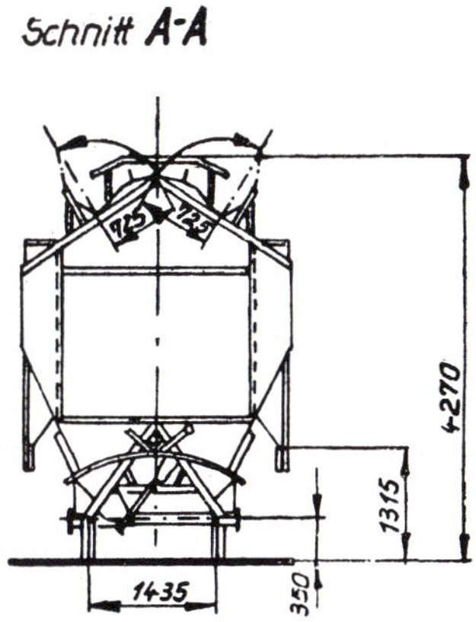

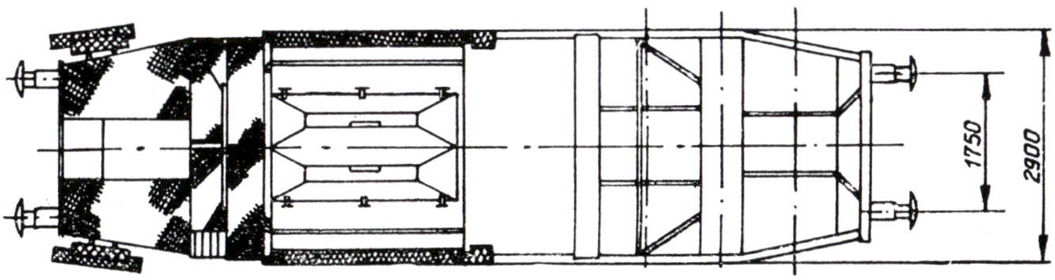

Arbeitsbühne ließ sich von beiden Seiten über je zwei Trittstufen erreichen und war nach allen Seiten durch Geländer gesichert. Ebenfalls durch Geländer geschützt waren die oben am Wagenkasten befindlichen Laufstege, die über eine Leiter von der Bremser- bzw. Arbeitsbühne betreten werden konnten. Der geschweißte Wagenkasten war eine durch Walzprofile verstärkte Blechkonstruktion, dessen trichterförmiges Oberteil nach unten durch einen Abrutschsattel und durch die Entladeklappen abschloss. Die Entladeklappen wurden mittels eines Handrads von der Bremser- bzw. Arbeitsbühne aus geöffnet bzw. geschlossen.

Tm [5606] (Dok 0639)

In den Schwenkdachwagen der Bauart T-v [5606] beförderte die Reichsbahn Stückgüter und nässeempfindliche lose Schüttgüter. Sie nahm die ersten Wagen 1962 vom VEB Waggonbau Gotha in ihren Bestand auf. Alle wurden bereits vor 1994 ausgemustert.
Das Laufwerk hatte rollengelagerte Vollradsätze und achtlagige Blattfedern mit einer einfachen Schakenaufhängung.
Die Knorr-Druckluftbremse der Bauart KE-GP war mit einem Steuerventil und einem Bremsgestängesteller ausgestattet. Der zweistufige, mechanische Lastwechsel musste manuell umgestellt werden. Einige Wagen waren mit einer Feststellbremse ausgestattet, die sich vom Boden aus mit einem Handrad bedienen ließ.
Die durchgehende Zugvorrichtung mit Kegelfedern trug normale Schraubenkupplungen und Zughaken. Neben der Zugvorrichtung befanden sich Hülsenpuffer der Bauart Ringfeder. Für das Untergestell wurden unterschiedliche Stahlprofile verwendet. Sie bildeten die Lang-, Quer- und Kopfträger. Auf ein Sprengwerk konnte bei dieser Konstruktion verzichtet werden.
Der Wagenkasten bestand aus verschweißten Blechen, die an den Längsseiten im oberen und unteren Drittel leicht nach innen geknickt waren und so die Stabilität erhöhten. In der Mitte der Seitenwand befand sich eine manuell zu bedienende, zweiflügelige Drehtür. Im unteren Bereich waren die Stirnwände als oben aufgehängte Kopfklappen ausgeführt, so dass sich die Wagen auf Stirnkippanlagen entleeren ließen. Das in Längsrichtung geteilte Blechdach konnte mit einem Gestänge von den Bühnen an den Stirnseiten über die Seitenwände abgeklappt werden. Dabei konnte jede Dachhälfte einzeln bewegt werden. Ein Massenausgleich erleichterte dem Bedienpersonal das Bewegen der Dachhälften. Mit geöffneten Dachelementen überschritten die Wagen das Lichtraumprofil und durften deshalb so nicht bewegt werden. Das Be- und Entladen konnte auch durch Kräne, Greifer oder aus Hochbunkern erfolgen. Zwischen den Langträgern lagen Kiefernholzbohlen als befahrbarer Boden.

Länge über Puffer (mm)	9.000
Breite Wagenkasten (mm)	3.010
Höhe Wagenkasten (mm)	3.675
Ladelänge (mm)	6.970
Ladehöhe (mm)	1.830
Ladefläche (m^2)	20,75
Laderaum (m^3)	38
Lastgrenzen (kg)	
A	20.000
B	24.000
C	27.000
Eigenmasse (kg)	11.700/11.600[1)]
Höchstgeschwindigkeit (km/h)	80
Bremse	KE-GP
Radsatzstand (mm)	5.700
Erstes Baujahr	1962

[1)] mit/ohne Feststellbremse

Tbs [5710] (Dok 4005)

Länge über Puffer (mm)	14.090
Ladelänge (mm)	12.720
Ladebreite (mm)	2.608
Ladehöhe (mm)	2.300
Ladefläche (m²)	33,2
Laderaum (m³)	76
Eigenmasse (kg)	16.500
Lastgrenzen (kg)	
A	15.500
B	19.500
C	23.500
AS	15.500
BS	19.500
CS	19.500
Höchstgeschwindigkeit (km/h)	100
Bremse	KE-GP
Radsatzstand (mm)	8.000
Erstes Baujahr	1972

Ab 1972 fertigte das Raw »Einheit« Leipzig die zweiachsigen Wagen der Bauart Tbs mit Schwenkdach. Dabei lehnte es sich stark an die in großer Stückzahl gebauten gedeckten Wagen der Bauart Gbs an. Die »Tbs« dienten der Beförderung großer, nässeempfindlicher Stückgüter, die auch per Kran verladen werden konnten.

Die Wagen besaßen ein überkritisches Laufwerk mit rollengelagerten Vollradsätzen, Blatttragfedern und Doppelschaken.

Die Druckluftbremse der Bauart KE-GP wies eine zweistufige, mechanische Lastabbremsung auf und auf eine Feststellbremse wurde verzichtet.

Das Untergestell als eine Schweißkonstruktion aus Walzprofilen entsprach in seinen Abmessungen den UIC-Vorgaben nach Merkblatt 571-1 und konnte mit einer automatischen Mittelpufferkupplung bestückt werden.

Der in Ganzstahlbauweise gefertigte Wagenkasten bestand aus verschweißten Walz- und Abkantprofilen, wobei Stirn- und Seitenwandbleche durch waagerechte Sicken verstärkt waren. Daher konnte man auf diagonale Aussteifungsprofile verzichten. Im Innern war der Wagenkasten mit 15 mm dicken Holzbohlen ausgekleidet, ebenso bestand auch der Fußboden aus Holzbohlen. Dieser konnte befahren werden. Das Wagendach als einteiliges Schwenkdach bildete eine komplett aus Stahl gefertigte, selbsttragende Konstruktion und war über Schwenkarme an den Stirnwänden des Kastens beweglich befestigt. Gummiprofile an den Oberkanten des Kastens dichteten den Spalt zwischen Kasten und Dach ab. Über Handräder an den Eckrungen und Daumenwelle ließ sich das Dach manuell bedienen. Beim Öffnen hob sich das Dach zunächst um etwa 120 mm an und konnte dann mit beliebiger Öffnungsweite entweder nach rechts oder links geschwenkt werden. Zugfedern unterstützten und vereinfachten das Bewegen des Dachs. Außerdem diente eine einteilige Schiebetür in jeder Seitenwand zur Be- und Entladung der Wagen. Vier Lüftungsöffnungen in jeder Seitenwand sorgten für frische Luft in den Wagen, wobei die Öffnungen durch senkrechte Schieber verschlossen werden konnten.

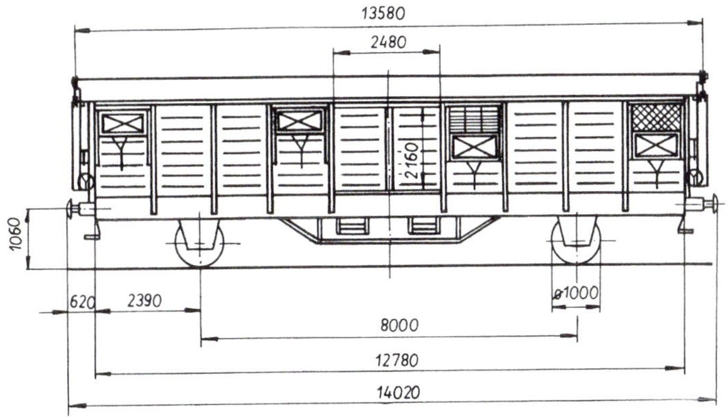

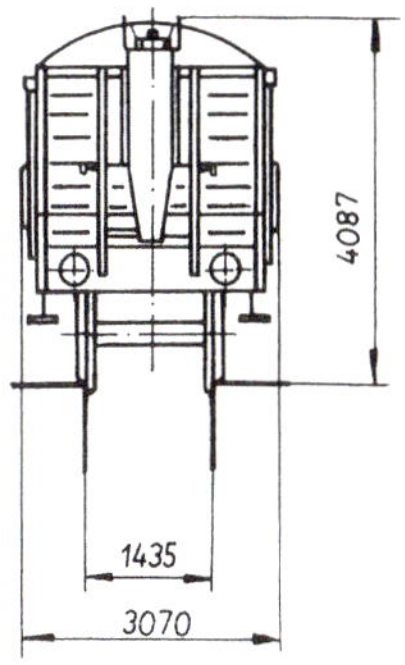

Td(g)s [5730, 5740] (Dok 4551)

Ab 1971 beschaffte die Reichsbahn vom französischen Hersteller Arbal Douai zweiachsige Selbstentladewagen mit Schwenkdach, in denen witterungsempfindliche Ladegüter wie Salz oder Getreide befördert werden konnten. Sie wurden in zwei Ausführungen geliefert: Die rund 1.900 Fahrzeuge ohne Innenbeschichtung wurden als Tds-y [5730] eingereiht, die 2.100 Wagen mit Innenbeschichtung bezeichnete die Reichsbahn als Tdgs [5740]. Ab 1987 wurden die Wagen als Tds-y [0730] und Tdgs [0740] im Bestand geführt. 1992/93 arbeitete das Raw Magdeburg rund 830 Tdgs [0740] auf und reihte sie dann als Tdgs-z [0140] ein. Bei der DB AG wurden die Wagen ohne Innenbeschichtung als Tds 935 bezeichnet, die mit Innenbeschichtung als Tdgs 937. Aufgearbeitete Wagen erhielten die Bezeichnung Tdgs-z 940.

Das zweiachsige Laufwerk besaß Monobloc-Radsätze mit Zylinderrollenlagern und achtlagige Blatttragfedern mit Doppelschaken.

Der Bremszylinder KE-GP-Druckluftbremse wirkte auf einfache Bremssohlen auf. Die Feststellbremse konnte mit einer Kurbel von der Entladebühne aus bedient werden.

Länge über Puffer (mm)	**9.640**
Ladelänge (mm)	**8.000**
Ladebreite (mm)	**1.200**
Laderaum (m³)	**38**
Eigenmasse (kg)	**13.500**
Lastgrenzen (kg)	
AS	**18.000**
BS	**22.000**
CS	**26.000**
Höchstgeschwindigkeit (km/h)	**120**
Bremse	**KE-GP**
Radsatzstand (mm)	**6.000**
Erstes Baujahr	**1971**

Als Zugvorrichtung dienten normale Schraubenkupplungen und Zughaken. Hülsenpuffer übertrugen die Stoßkräfte.

Das Untergestell und der Wagenkasten bildeten eine Schweißkonstruktion unter Verwendung von Walzprofilen und Blechen. Vorhanden waren ferner zwei von beiden Seiten zugängliche Stirnbühnen. Beide Bühnen waren mit einer Sprossenleiter versehen.

Der durchgehende Wagenkasten verjüngte sich unten zu zwei Trichtern, deren Entladeöffnungen mit Wölbschiebern verschlossen wurden. An beiden Enden befanden sich Übergangs- und Arbeitsbühnen. Leitern ermöglichten einen Aufstieg zum Beobachten des Beladevorgangs. Außerdem konnten von hier aus mit Handhebeln die Schieber zur Entladung geöffnet und geschlossen werden. Auch das Handrad zum Öffnen des Daches war hier zu finden. Dabei ließ sich das einschalige Dach etwas anheben und dann zu einer Seite hin über den Wagenkasten schwenken. Im geschlossenen Zustand war das Dach gegen unbeabsichtigtes Verschwenken gesichert. Das Verschieben der Wagen mit geöffnetem Dach war nicht erlaubt.

Tds-y [5735] (Dok 4552)

Nachdem sich die ab 1971 bei Arbel in Frankreich beschafften zweiachsigen Selbstentladewagen mit Schwenkdach bewährt hatten, bestellte die Reichsbahn eine weitere Serie, die ab 1975 wieder in zwei Ausführungen geliefert wurde. Neben Arbel war diesmal auch die ebenfalls in Frankreich ansässige ANF an der Produktion beteiligt. Es entstanden etwa 1.350 Exemplare ohne Innenbeschichtung als Tds-y [5735] und rund 700 Stück mit Innenbeschichtung als Tdgs-y [5745]. Ende der 1980er Jahre wurden die Wagen in Tds-y [0731] und Tdgs-y [0742] umgezeichnet. Wie die Vorgänger arbeitete das Raw Magdeburg Anfang der 1990er Jahre auch hier zahlreiche Fahrzeuge auf. Sie wurden dann als Tdgs-z [0142] und Tdgs-z [0143] bezeichnet. Alle vier Bauarten gelangten zur DB AG, wo sie die Bezeichnungen Tds-y 936 und Tdgs-y 938 (Originalwagen) bzw. Tdgs-z 941 und Tdgs-z 942 (aufgearbeitete Wagen) bekamen.

Das überkritische Laufwerk hatte Radsätze mit gewalzten Monobloc-Radscheiben und Zylinderrollenlager nach den UIC-Vorgaben 510-1. Die Federung übernahmen achtlagige Blattfedern und Doppelschaken.

Länge über Puffer (mm)	9.640
Ladelänge (mm)	8.000
Ladebreite (mm)	1.200
Laderaum (m³)	38
Eigenmasse (kg)	13.500
Lastgrenzen (kg)	
AS	18.500
BS	22.500
CS	26.500
Höchstgeschwindigkeit (km/h)	120
Bremse	KE-GP
Radsatzstand (mm)	6.000
Erstes Baujahr	1975

Alle Wagen wiesen eine Druckluftbremse der Bauart Knorr KE-GP auf und etwa ein Viertel war zusätzlich mit einer Feststellbremse ausgestattet.

Das geschweißte Untergestell aus Walzprofilen und Blechen besaß an beiden Enden Arbeitsbühnen.

Der geschweißte, trichterförmige Wagenkasten aus korrosionsträgem Stahl war durch einen Quersattel in zwei Hälften unterteilt.

Unten befanden sich Entladeöffnungen mit Wölbschiebern, mit denen die Wagen zu jeder Längsseite hin entladen werden konnten. Für eine dosierte Entladung ließen sich die Schieber in Abständen von 25 mm arretieren. Unter jedem Schieber waren eine feste und eine klappbare Auslaufrutsche montiert. Oberhalb der Schieber hingen Schienen zum Einhängen von Rüttlern. Die Entladung konnte auf Förderbänder oder in Tiefbunker erfolgen. Mit einem Handrad konnte man von der Stirnbühne aus das Hubschwenkdach bedienen, wobei bei geöffnetem Dach das Bewegen der Wagen verboten war. Wagen mit Korrosionsschutz erhielten einen Dickschichtanstrich auf Epoxidharzbasis.

Tals-y [5667] (Dok 4581)

Ab 1978 beschaffte die Reichsbahn die vierachsigen Selbstentladewagen mit Schwenkdach in Frankreich. Sie wurden bevorzugt zur Beförderung von Schüttgütern für die chemische Industrie wie Kalisalzen und ähnlichem eingesetzt.

Die Wagen liefen auf zweiachsigen Drehgestellen der Bauart Y 25 Cs mit zweistufigen Schraubenfedern.

Die Druckluftbremse der Bauart KE-GP ergänzte eine von der Stirnbühne aus bedienbare Feststellbremse.

Die geteilte Zugeinrichtung war mit Gummi- und Stahlelementen ausgestattet. Die normale Schraubenkupplung konnte gegen eine automatische Mittelpufferkupplung ausgetauscht werden. Hochleistungspuffer mit Ringfedersäulen übertrugen Stoßkräfte.

Das Untergestell bildete einen Sattel mit zwei tiefliegenden Aus- und einem hoch liegenden Innenlangträger. Der Fußboden erhielt so einen Winkel von 60° zur Waagerechten und ermöglichte das selbstständige Ausfließen des Ladeguts durch die vier seitlichen Entladeklappen. Untergestell und Wagenkasten aus Walzprofilen waren vollständig geschweißt. Den gesamten Kasten und das Dach hatte man innen mit einem Anstrich aus Epoxidharz beschichtet, um so ein Einwirken durch aggressive Ladegüter zu verringern. Die Entladeklappen waren gelenkig oben am Oberkasten aufgehängt und unten verschlossen. Sie ließen sich alle vier gleichzeitig mechanisch oder pneumatisch öffnen. Zum Entleeren drückte das Ladegut die Klappen nach außen und gab die Entladeöffnung frei. Waren die Wagen vollständig entleert, fielen die Klappen durch die Schwerkraft wieder zu. Der Entladevorgangs konnte nicht unterbrochen werden. Um möglichst wenig Ladegut zu verlieren, besaßen die Entladeklappen an den Unterkanten Dichtleisten aus Gummi. Das einteilige Hubschwenkdach konnte von einer Stirnbühne aus bedient werden. Beim Öffnen hob es sich um rund 70 mm an und schwenkte dann zur Seite. Mit geöffnetem Dach durften die Wagen nicht bewegt werden.

Länge über Puffer (mm)	12.540
Ladelänge (mm)	10.250
Ladebreite (mm)	1.200
Laderaum (m³)	56
Eigenmasse (mm)	28.000
Lastgrenzen (kg)	
A	31.500
B1	34.500
B2	43.500
C	51.500
AS	31.500
B1S	43.500
B2S	51.500
Höchstgeschwindigkeit (km/h)	100
Bremse	KE-GP
Drehgestellbauart	639 (Y 25 Cs)
Radsatzstand im Drehgestell (mm)	1.800
Radsatzstand (mm)	9.300
Erstes Baujahr	1978

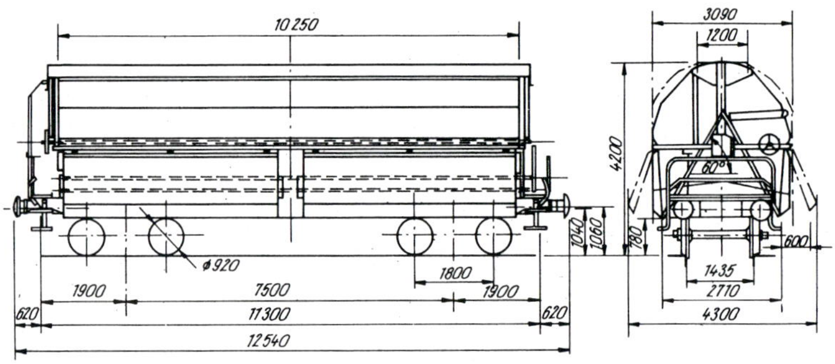

Tbekks [5775] (Dok 4500)

Ende der 1970er Jahre bestellte die Reichsbahn bei der Waggon Union 400 zweiachsige Schwenkdachwagen, um damit normale gedeckte Güterwagen mit festen Dächern abzulösen. Sie bezeichnete die Anfang der 1980er Jahre gebauten Wagen als Tbekks [5775] und später als Tbekks [0775]. Die meisten kamen 1994 zur Deutschen Bahn AG und bekamen die Bauartnummer 846.

Länge über Puffer (mm)	14.220
Ladelänge (mm)	12.700
Ladebreite (mm)	2.620
Ladehöhe (mm)	2.315
Ladefläche (m²)	33,3
Laderaum (m³)	80
Lastgrenzen (kg)	
AS	16.500
BS	20.500
CS	24.500
Höchstgeschwindigkeit (km/h)	120
Eigenmasse (kg)	15.500
Höchstgeschwindigkeit (km/h)	120
Bremse	E-GP
Radsatzstand (mm)	8.000
Erstes Baujahr	1980

Das Laufwerk war mit rollengelagerten Vollradsätzen, neunlagigen Blattfedern und Doppelschaken ausgestattet.

Die Wagen hatten eine Knorr-Druckluftbremse Bauart KE-GP mit zweistufig mechanisch umzustellender Lastabbremsung, ein Viertel der Wagen besaß zusätzlich eine vom Boden zu bedienende Feststellbremse.

Das Elastomer-Federwerk war mit normalen Schraubenkupplungen und Zughaken ausgestattet, die gegen automatische Mittelpufferkupplung getauscht werden konnten.

Die unterschiedlichen Walzprofile und Bleche bildeten ein geschweißtes Untergestell. Über den Radsätzen waren Funkenschutzbleche integriert.

Das Gerippe des Wagenkastens – ebenfalls aus Walzprofilen – war mit dem Untergestell verschweißt und hatte einen durchlaufenden Obergurt. Kunstharzverleimte Furnierplatten füllten die einzelnen Kastensegmente aus. Zur Sicherheit waren die Stirnwände mit Stahl verkleidet, der von innen mit Kiefernholzbrettern verstärkt wurde. Eine selbsttätig wirkende Feststelleinrichtung sicherte die Stahlschiebetüren in den Seitenwänden. Zusätzlich waren in jeder Seitenwand vier Lade- und Lüftungsöffnungen mit senkrechten Schiebern integriert. Die Kiefernholzbohlen des Wagenbodens konnten mit Flurladern befahren werden.

Das einschalige Hub-Schwenkdach gab nahezu die gesamte Grundfläche frei. Es war in Stahlleichtbauweise hergestellt und mit zwei Schwenkzapfen drehbar an den Querstreben der Stirnwände aufgehängt. Zum Öffnen wurde das Dach zunächst über einen Kettenantrieb und eine Spindel um 150 mm angehoben und dann zur Seite geschwenkt. Das geöffnete Dach reichte über die Wagenumgrenzung hinaus, so dass die Wagen so nicht bewegt werden durften.

Tads-y [5834] (Dok 4580)

Als erste vierachsige Schüttgutwagen mit Schwenkdach nahm die Reichsbahn die Bauart Tadgs-y [5843] und [8544] in ihren Bestand auf. Die rund 1.500 Fahrzeuge lieferte Arbel Douai in Frankreich. Sie dienten dem Transport von nässeempfindlichen, stahlaggressiven und feinkörnigen Schüttgütern. Die Beförderung von grobkörnigen oder kantigen, schweren Schüttgütern wie Kies, Schlacke oder Schotter durfte nicht erfolgen.
Die Drehgestelle hatten einen H-förmigen Hauptrahmen mit Kopfstücken, rollengelagerte Radsätze mit Vollrädern und zweistufige Schraubenfedern.
Die Druckluftbremse der Bauart Knorr KE-GP wies eine zweistufige, mechanische Lastabbremsung und einen Bremszylinder auf. Ferner war ein Teil der Wagen mit einer Feststellbremse ausgestattet, die mit einer Kurbel von der Entladebühne aus bedient werden musste.
Das Untergestell als eine Schweißkonstruktion aus Walzprofilen und Blechen war mit dem trichterförmigen Wagenkasten verschweißt. Er bestand als Schweißkonstruktion aus vier Trichtern. Die Trichter trennten Querwände, wiesen eine Neigung von 48 Grad auf und waren mit Epoxidharz beschichtet. Die Entleerung der Wagen erfolgte über acht einzeln bedienbare Wölbschieber, welche in Abständen von 25 mm arretiert werden konnten. Unter jedem Schieber befanden sich eine feste und eine klappbare Auslaufrutsche. Die Beladung war

Länge über Puffer (mm)		**19.040**
Ladelänge (mm)		**14.614**
Ladebreite (mm)		**1.200**
Laderaum (m³)		**66,5**
Eigenmasse (kg)		**25.500**
Lastgrenzen (kg)		
	A	**38.000**
	B	**46.000**
	C	**54.000**
	AS	**38.000**
	BS	**46.000**
	CS	**46.000**
Höchstgeschwindigkeit (km/h)		**120**
Bremse		**KE-GP**
Drehgestellbauart		**839 (Y 25 Cs)**
Radsatzstad im Drehgestell (mm)		**1.800**
Radsatzstand (mm)		**15.800**
Erstes Baujahr		**1976**

nur über das öffnungsfähige Dach aus Hochbunkern oder mit Förderbändern zugelassen. Eine Be- oder Entladung mit Greifern war nicht gestattet. Das einschalige Hubschwenkdach blieb in geschlossenem Zustand gegen unbeabsichtigtes Verschwenken gesichert und ein Verschub des Wagens mit geöffnetem Dach war nicht zulässig.

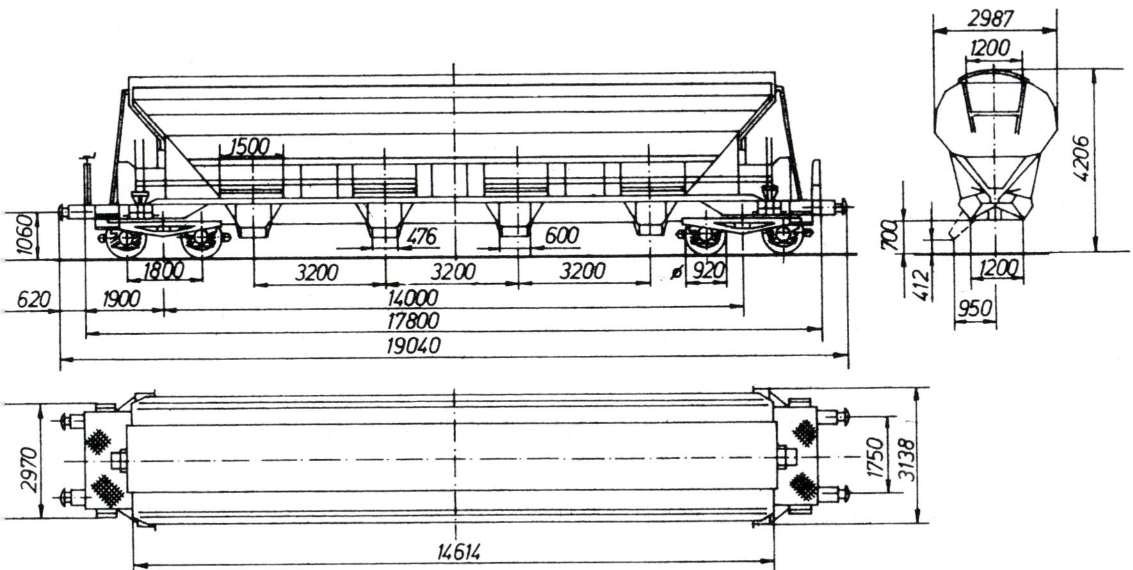

Tads-y [5824] (Dok 4585)

Die vierachsigen Schwenkdachwagen der Bauart Tadgs-y [5823, 5824] entstanden in den Jahren 1985 und 1986 bei der belgischen Firma La Brugeoise et Nivelles, die 385 Exemplare an die Reichsbahn lieferte. Sie eigneten sich für den Transport von nässeempfindlichen Schüttgütern, wobei die Wagen mit dem Kennbuchstaben »g« nur für Lebens- und Futtermitteltransporte verwendet werden durften. Dabei konnten Güter mit einer Korngröße größer als 0,1 mm ohne Rieselverluste befördert werden.

Die Drehgestelle der Bauart 866-Y 25 Rs liefen auf rollengelagerten Radsätzen mit zweistufigen Schraubenfedern.

Die Knorr-Druckluftbremse der Bauart KE-GP besaß eine zweistufige, mechanische Lastabbremsung und einen Bremszylinder. Einen Teil der Wagen rüstete man mit einer Feststellbremse aus, die mit einer Kurbel von der Entladebühne aus bedient werden musste.

Der trichterförmige, als Schweißkonstruktion ausgeführte Wagenkasten wies vier durch Querwände getrennte Trichter auf, die im obe-

Länge über Puffer (mm)	19.040
Ladelänge (mm)	14.614
Ladebreite (mm)	1.200
Laderaum (m³)	83
Eigenmasse (kg)	27.000
Lastgrenzen (kg)	
A	37.000
B	45.000
C	53.000
CM	57.000
D	57.000
Höchstgeschwindigkeit (km/h)	120
Bremse	KE-GP
Drehgestellbauart	866 (Y 25 Rs)
Radsatzstand im Drehgestell (mm)	1.800
Radsatzstand (mm)	15.800
Erstes Baujahr	1985

ren Teil Öffnungen besaßen. Die Stirnwände waren mit Versteifungen versehen und durch Längstragstützen mit dem Untergestell verbunden. Die Entleerung des Wagens erfolgte gleichzeitig nach beiden Wagenseiten über acht einzeln bedienbare, lösbar angeordnete und leicht austauschbare Wölbschieber. Die Wagen waren mit einem einschaligen Hubschwenkdach ausgestattet, das vor dem Schwenken um etwa 60 mm angehoben werden musste und dann seitlich abgeschwenkt werden konnte, wobei dann die gesamte Breite der Beladeöffnung zur Verfügung stand. In geschlossenem Zustand war das Dach gegen unbeabsichtigtes Verschwenken gesichert. Ein Verschieben des Wagens mit geöffnetem Dach war nicht zulässig. Wagenkasten, Wölbschieber, Rutschen und das Dach waren aus korrosionsträgem Stahl gefertigt.

Uc-x [9001] (Dok 8401)

Die dreiachsigen Kohlenstaubwagen gehörten zu den Spezialwagen. Die Reichsbahn ließ sie 1967 in Niesky bauen oder kaufte sie 1972 in Jugoslawien. Die Wagen dienten bevorzugt zur Beförderung von Braunkohlenstaub von den Abbaubetrieben zu den Verbrauchern.

Die Niesky-Wagen besaßen Gleitlager-Radsätze mit siebenlagigen Blattfedern an den Mittelradsätzen und sechslagigen an den Endradsätzen sowie einfachen Schaken. Die in Jugoslawien hergestellten Fahrzeuge liefen dagegen auf rollengelagerten Radsätzen. Sie hatten achtlagige Blatttragfedern an den Endradsätzen und siebenlagige am mittleren Radsatz sowie ebenfalls einfache Schaken aufgehängt.

Die Druckluftbremse der Bauart Hildebrandt-Knorr Hik-GP besaß einen Bremszylinder, einen doppeltwirkenden Bremsgestängesteller, einen mechanischen Lastwechsel und Bremsklötze aus Grauguss. Die in Jugoslawien gebauten Wagen kamen mit KE-GP Bremsen daher. Die Bremsen wirkten doppelseitig auf alle Räder. Die Feststellbremse war von der beidseitig zugänglichen Bremserbühne bedienbar. Die durchgehende Zugeinrichtung stützte sich auf zwei nebeneinanderliegende Evolutfedern ab. Als Stoßeinrichtung dienten Hülsenpuffer mit Ringfedern. Zughaken und Schraubenkupplungen bildeten die Zugeinrichtung.

Das Untergestell war eine Schweißkonstruktion aus Normalprofilen und Blechträgern. Radsatzhalter und Federböcke waren angenietet, die Kopfstücke dagegen geschweißt.

Länge über Puffer (mm)	11.840/11.900[1)]
Laderaum (m³)	52
Eigenmasse (kg)	19.500
Lastgrenzen	
A	25.500
B	27.000
C	27.000
Höchstgeschwindigkeit (km/h)	80
Bremse	Hik-GP/KE-GP
Radsatzstand (mm)	2 x 3.000
Erstes Baujahr	1957
[1)] ohne/mit Feststellbremse	

Die drei Kohlenstaubbehälter standen vertikal auf dem Untergestell. Die beiden Endbehälter wiesen ein Fassungsvermögen von je 18 m³ auf, der mittlere von nur 16 m³. Die Behälter waren für einen höchstzulässigen Betriebsdruck von 2 at Überdruck bemessen und konnten einzeln durch Druckluft entleert werden. Der Entleerungsstutzen war am Nichtbremsende unterhalb der Pufferbohle angebracht. Bei der Be- und Entladung mussten die Bedienungs- und Sicherheitsvorschriften für Kohlenstaubwagen besonders eingehalten werden.

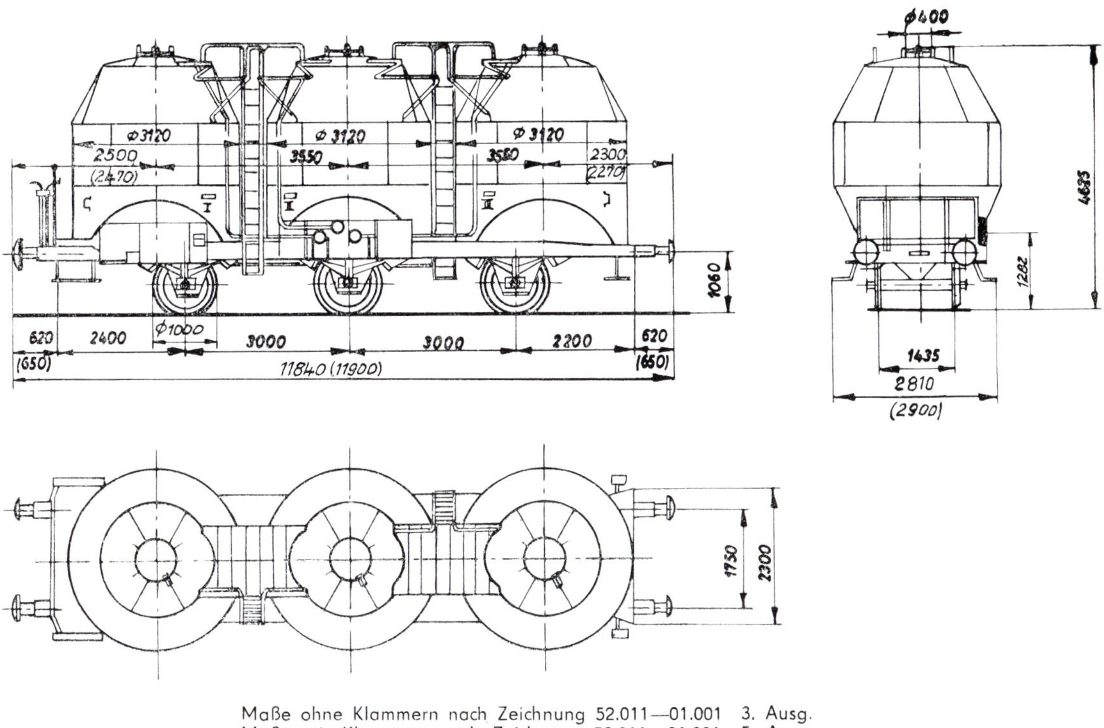

Maße ohne Klammern nach Zeichnung 52.011—01.001 3. Ausg.
Maße mit Klammern nach Zeichnung 53.011—01.001 5. Ausg.

Uc-v [9021] (Dok 8421)

Die zweiachsigen Zementbehälterwagen Uce [9021] zählten wegen ihrer besonderen Konstruktion und Verwendungsmöglichkeit zu den Spezialfahrzeugen, zu deren Entladung bestimmte pneumatische Voraussetzungen vorhanden sein mussten.

Die Fahrzeuge besaßen ein überkritisches Laufwerk mit Blatttragfedern, Doppelschaken und rollengelagerten Vollradsätzen.

Zur Ausstattung gehörten weiter eine Druckluftbremse der Bauart KE-GP mit zweistufiger Lastabbremsung und einem Bremszylinder sowie eine Feststellbremse, die sich mit einer Kurbel von der Stirnbühne aus bedienen ließ. Normale Schraubenkupplungen, Zughaken und Hülsenpuffer der Baurat Ringfeder ermöglichten eine Verbindung zu den Nachbarfahrzeugen.

Die Zementbehälterwagen waren mit einer oberen und zwei unteren Arbeitsbühnen ausgerüstet, wobei eine untere Arbeitsbühne gleichzeitig als Bremserbühne fungierte. Die obere Arbeitsbühne ließ sich von jeder Seite über eine Leiter besteigen. Auf dem Behälteroberteil befanden sich jeweils der Behälterdom, das Sicherheitsventil, das Manometer

Länge über Puffer (mm)	8.540
Laderaum (m³)	2 x 12,5
Eigenmasse (kg)	11.600
Lastgrenzen (kg)	
A	20.000
B	24.000
C	28.000
Höchstgeschwindigkeit (km/h)	80
Bremse	KE-GP
Radsatzstand (mm)	5.000
Erstes Baujahr	1957

und der Entlüftungshahn, der vom Sperrgitter aus bedient wurde. Beim Öffnen des Behälters musste zunächst das Sperrgitter angehoben werden, wobei über einen Entlüftungshahn der Behälterdruck entwich. Beim Schließen des Domdeckels war das Sperrgitter wieder in die vorgesehene Halterung einzulegen, damit der Entlüftungshahn geschlossen wurde. Im unteren Teil des Behälters fand die Auflockerungs- und Fördereinrichtung ihren Platz. Sie bestand aus einer Auflockerungsplatte, wo das Zement-Luft-Gemisch durch ein Förderrohr an

den Wagenstirnseiten abgeblasen wurde. Die zur Bedienung erforderlichen Ventile waren auf einer Wagenseite zwischen den Behältern angeordnet. Auf beiden Wagenseiten war ein Anschlussstutzen mit einer »Festkupplung C mit Gummidichtring« und eine Blindkupplung für die Zuführung der zum Entladen notwendigen Druckluft vorhanden. Beim Be- und Entladen mussten die besonderen Bedienungsanweisungen am Fahrzeug beachtet werden.

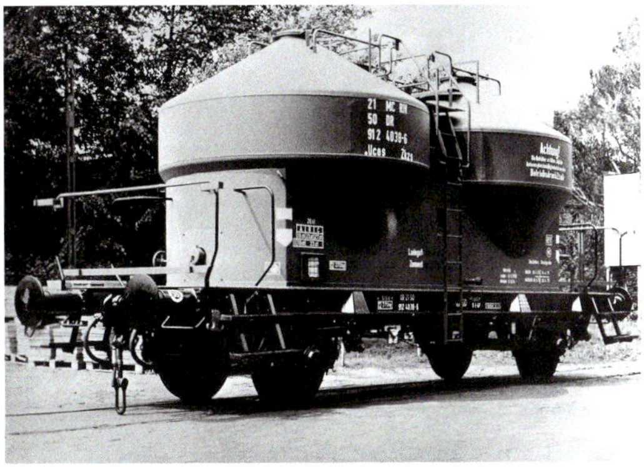

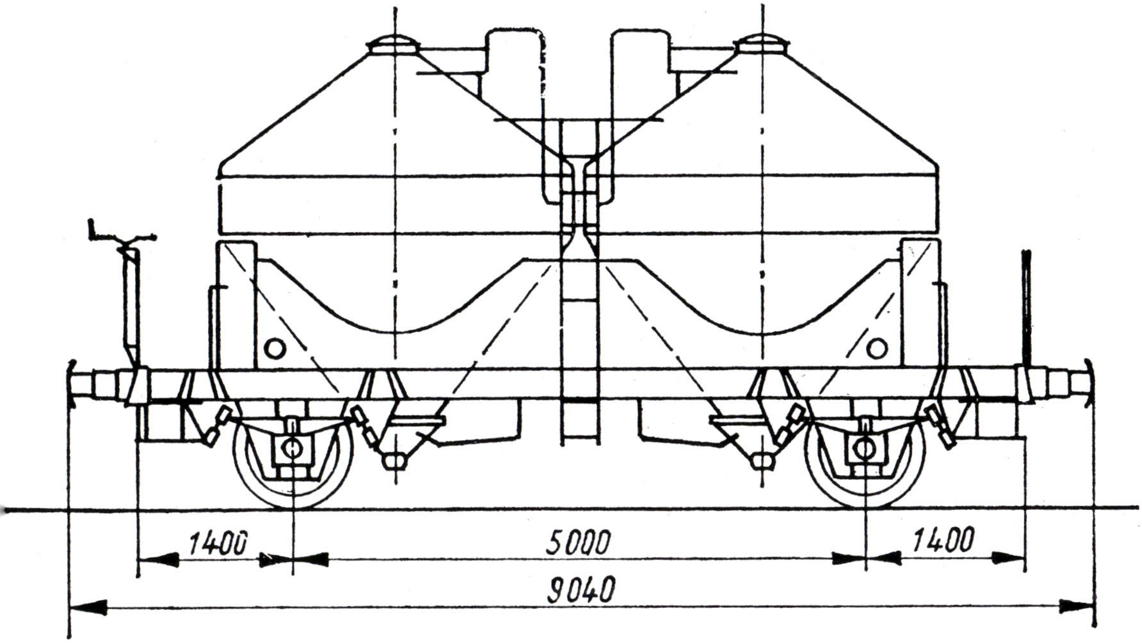

Uc-y [9007] (Dok 8425)

Ebenfalls als Spezialfahrzeuge galten wegen der besonderen Konstruktion und der Verwendungsmöglichkeiten die zweiachsigen Behälterwagen der Bauart Uc-y [9007] mit pneumatischer Entleerung. Sie dienten zur Beförderung von staubförmigen und körnigen Ladegütern mit hohem Reinheitsgrad wie PVC, Polyacrylnitril, Hochdruckpolyäthylen, Mehl, Nährmitteln und ähnlichen Erzeugnissen.

Das Laufwerk besaß achtlagige Blattfedern, einfache Schaken und rollengelagerte Vollradsätze.

Die Druckluftbremse der Bauart KE-KG wies einen Bremszylinder mit mechanischer Lastabbremsung und Bremsgestängesteller auf. Normale Schraubenkupplungen und Puffer der Bauart Ringfeder gehörten ebenfalls zur Ausstattung wie die geteilte Zugeinrichtung mit Kegelfedern.

Die Fahrzeuge hatten drei stehend angeordnete Behälter aus einer Aluminiumlegierung, die von der Seite des Wagens durch Aufstiegsleitern erklommen werden konnten. Jeder Behälter war oben durch einen Dom und unten durch einen Fördertopf mit Auflockerungsring verschlossen. Am Fördertopf eines jeden Behälters befand sich auf der Bedienungsseite ein Absperrorgan mit vollem Durchflussquerschnitt. Ferner gab es an jedem Behälter ein Manometer und einen Entlüftungshahn. Das Sicherheitsventil thronte an der Luftzuleitung des Wagens in der Nähe der Luftleitungsanschlusskupplung. Das Rohrleitungssystem für die Luftzuführung und die zugehörigen Absperrorgane waren nur an einer Wagenlängsseite (Bedienungsseite) angebracht. Als Druckluftanschluss zum Entladen

Länge über Puffer (mm)	**12.140**
Laderaum (m³)	**40,8**
Eigenmasse (kg)	**12.200**
Lastgrenzen (kg)	
A	**20.000**
B	**24.000**
C	**28.000**
Höchstgeschwindigkeit (km/h)	**80**
Bremse	**KE-GP**
Radsatzstand (mm)	**8.200**
Erstes Baujahr	**1968**

diente eine Kupplung nach Standard »Festkupplung C« am Handbremsende. Die Entleerungsanschlüsse als Gewindeanschlüsse nach Standard »Whitworthgewinde« befanden sich unter dem Behälter Besondere Bedienungsanweisungen waren beim Be- und Entladen der Fahrzeuge zu beachten.

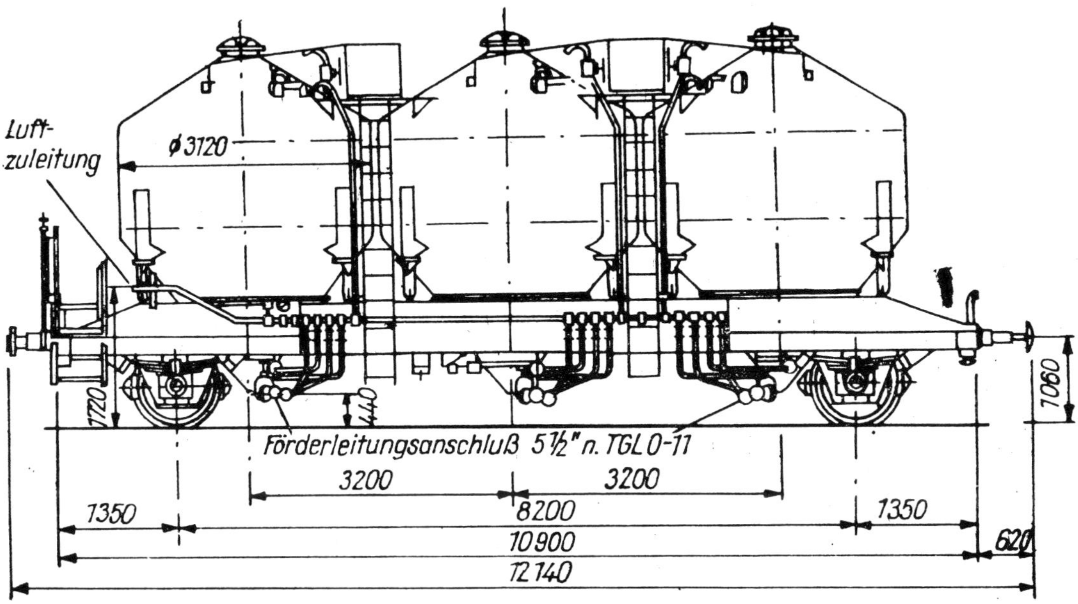

Ucs-v [9021] (Dok 8421)

Ab Mitte der 1970er Jahre beschaffte die Reichsbahn weitere Bauserien zweiachsiger Zementbehälterwagen, die sie als Uces [8428], Uces [8429] und Uces [8432] in ihren Bestand aufnahm. Damit wollte sie den gestiegenen Bedarf an solchen Fahrzeugen decken. Gefertigt wurden die Wagen bei der Waggonfabrik Arbel in Frankreich und bei der Waggonfabrik Turnu-Severin in Rumänien. Die Reichsbahn zog diese Wagen zur Beförderung von losen Schüttgütern wie Soda, Sand oder Tonerde heran.

Das überkritische Laufwerk mit Blattfedern besaß Doppelschaken und rollengelagerte Vollradsätze.

Die Druckluftbremse der Bauart KE-GP mit zweistufiger Lastabbremsung und einem Bremszylinder wurde durch eine Feststellbremse ergänzt. Sie konnte mit einer Kurbel von einer Stirnbühne aus bedient werden. Die Zug- und Stoßeinrichtungen beinhalteten normale Schraubenkupplungen, Zughaken und Hülsenpuffer der Baurat Ringfeder.

Das geschweißte Untergestell war an beiden Enden mit einer Übergangsbühne, festen Trittstufen und Geländer ausgestattet. Der Laderaum der Wagen bestand aus zwei runden Behältern, abgeflachten Deckeln und trichterförmigen Unterteilen. Die Behälter stützten sich über senkrechte Bleche auf dem Untergestell ab. Zwei Leitern zwischen den Behältern führten auf die obere Arbeitsbühne. Oben wiesen die Behälter manuell zu bedienende Beladeöffnungen auf. Dazu gehörten ein Sicherheitsventil, ein Manometer und ein Entlüftungshahn. Im unteren Teil der Behälter waren Auflockerungsböden und eine Fördereinrichtung montiert. Zum Entladen wurde Druckluft in die Behälter eingeblasen, die zusammen mit dem Ladegut durch ein Förderrohr aus den Wagen wieder ausströmte. Die zur Bedienung benötigten Ventile befanden sich auf einer Wagenseite zwischen den Behältern. Ein Anschlussstutzen mit einer Blindkupplung für die Zuführung der zum Entladen notwendigen Druckluft war ebenfalls vorhanden.

Länge über Puffer (mm)	**9.190**
Laderaum (m^3)	**2 x 12,5**
Eigenmasse (kg)	**12.500**
Lastgrenzen (kg)	
A	**18.500**
B	**22.500**
C	**26.500**
AS	**18.500**
BS	**22.500**
CS	**22.500**
Höchstgeschwindigkeit (km/h)	**100**
Bremse	**KE-GP**
Radsatzstand (mm)	**5.000**
Erstes Baujahr	**1976**

Uacs-y [9321] (Dok 8433)

Zur Beförderung von feinkörnigen Produkten der chemischen Industrie und Granulaten beschaffte die Reichsbahn die vierachsigen Behälterwagen der Bauart Uacs-y. Der Auftrag ging nach Frankreich und 1978 begann die Auslieferung der grau lackierten Wagen, welche den internationalen Vorgaben entsprachen und daher freizügig einsetzbar waren.

Die Rahmen der Drehgestelle bestanden aus Walzprofilen und Blechen. Ihre Vollrad-Radsätze liefen in Zylinderrollenlagern und ihre Radsatzlagergehäuse waren über Schraubenfedern mit dem Rahmen verbunden.

Die Druckluftbremse der Bauart KE-GP mit GP-Umstellvorrichtung wirkte auf 16 Bremssohlen. Die Feststellbremse mit einer Handkurbel konnte von einer Stirnbühne aus bedient werden.

Die geteilte Zugeinrichtung mit Zughaken und normalen Schraubenkupplungen war mit Gummi/Stahl-Elementen bestückt.

Das aus Walzprofilen und Blechen zusammengeschweißte Untergestell war für den Einbau einer automatischen Mittelpufferkupplung vorbereitet. Die Behälter bestanden aus mehreren geschweißten Schüssen, waren als liegende Röhren ausgeführt und teilten sich in vier innen mit Epoxidharz beschichtete Ladekammern. Zur Beladung besaß jede Kammer auf dem Wagendach einen eigenen Dom mit Einfüllstutzen, der mit Knebelschrauben verschlossen werden konnte. Neben den Domen thronten hebelbedienbare Belüftungseinrichtungen. Unten konnte jeder trichterförmig zulaufende Behälter durch ein Rohrsystem pneumatisch entleert werden, wobei hier die Kammern doppelwandig und die Inneren zur Auflockerung des Ladeguts luftdurchlässig ausgeführt waren. Die benötigte Druckluft musste von außen zugeführt werden. Dazu besaßen die Wagen einen Festanschluss sowie jede Kammer ein eigenes Manometer und ein eigenes Sicherheitsventil. Die Be- und Entladestutzen konnten aus zolltechnischen Gründen plombiert werden.

Länge über Puffer (mm)	**19.040**
Laderaum (m³)	**90**
Eigenmasse (kg)	**27.000**
Lastgrenzen (kg)	
A	**37.500**
B	**45.500**
C	**53.500**
AS	**37.500**
BS	**45.500**
CS	**53.500**
Höchstgeschwindigkeit (km/h)	**100**
Bremse	**KE-GP**
Drehgestellbauart	**8639 (Y 25 Cs)**
Radsatzstand im Drehgestell (mm)	**1.800**
Radsatzstand (mm)	**15.800**
Erstes Baujahr	**1978**

Uaoos-y [9331] (Dok 4584)

In den Jahren 1980/81 kaufte die Reichsbahn beim französischen Hersteller Arbel Industrie Douai 490 Wagen für die Beförderung von Kalisalz und reihte sie als Uaoos-y [9331] ein. Außer Kalisalz durften auch andere Düngemittel und Salze geladen werden. Bei der DB AG erhielten die Wagen die Bezeichnung Uaoos-y 948.

Drehgestelle der Bauart Y 25 Cs 2 dienten als Laufwerke. Sie hatten einen H-förmigen Blechrahmen, Kopfstücke, rollengelagerte Vollradsätze und Schraubenfedern.

Die Druckluftbremse der Bauart KE-GP bewegte mit zwei Zylindern die Bremssohlen. Die Feststellbremse ließ sich mit einer Kurbel von der Endbühne aus bedienen.

Das aus den äußeren Lang- und Querträgern bestehende Untergestell war eine Schweißkonstruktion aus unterschiedlichen Stahlprofilen.

Der aus korrosionsträgem Stahl gefertigte Aufbau unterteilte sich in vier getrennte Kammern, die unten in pyramidenförmige Trichter ausliefen, die durch Entladeschieber verschlossen wurden. Das Entladen erfolgte durch Betätigen von zwei Handrädern, die seitlich in Wagenmitte oberhalb des Langträgers angebracht waren. Möglich war ein schlagartiges oder ein bedingt dosierbares Entladen, wobei Be- und Entladung weitgehend staubarm verliefen. Für das staubmindernde Entladen waren vor allem die Gestaltung und Lage der Schieber verantwortlich, die bis auf 200 mm über die Schienenoberkante herabgeführt wurden.

Länge über Puffer (mm)	**16.000**
Ladelänge (mm)	**4 x 700**
Ladebreite (mm)	**700**
Laderaum (m³)	**67**
Eigenmasse (kg)	**24.000**
Lastgrenzen (kg)	
AS	**40.000**
BS	**48.000**
CS	**56.000**
CM	**60.000**
D	**60.000**
Höchstgeschwindigkeit (km/h)	**120**
Bremse	**KE-GP**
Drehgestellbauart	**839 (Y 25 Cs)**
Radsatzstand im Drehgestell (mm)	**1.800**
Radsatzstand (mm)	**12.760**
Erstes Baujahr	**1980**

Oben wurden die Kammern aus senkrechten Seiten- und Trennwänden sowie den um 60 ° gegen die Horizontale geneigten Stirnwänden gebildet. Innere Leitbleche rundeten die Trichter an den Stoßkanten aus und begünstigten so das Auslaufen des Ladegutes. Das Beladen erfolgte durch vier Klappdeckel auf dem Wagenkasten, die manuell geöffnet und geschlossen werden mussten.

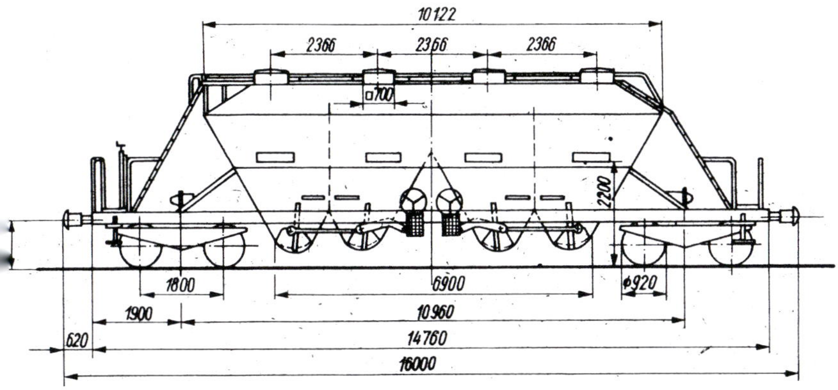

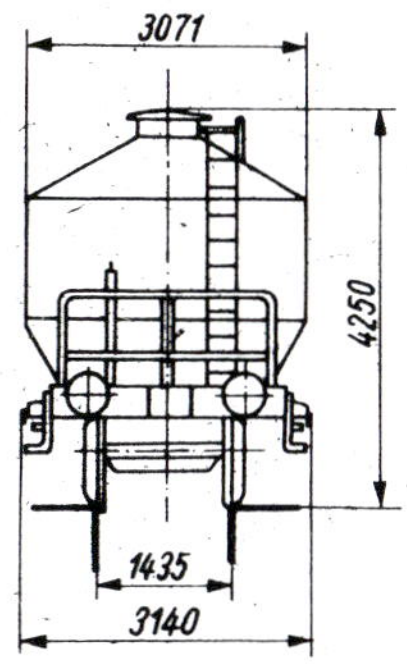

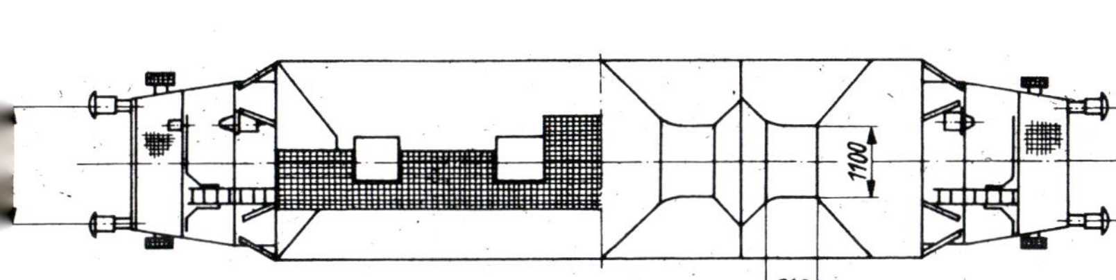

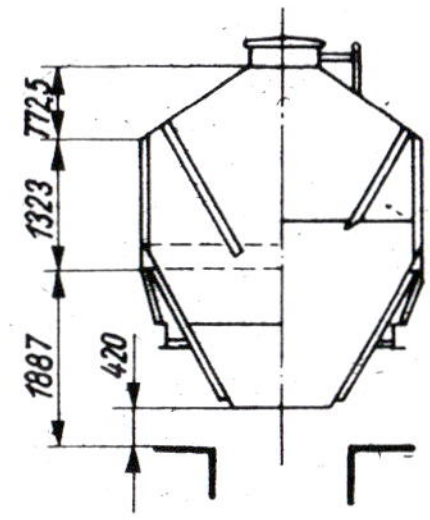

Uaai [9960] (Dok 6190)

Die beiden 1958 und 1959 für die Reichsbahn gebauten zwanzigachsigen Tragschnabelwagen der Bauart SSt 66 stammen von der Siegener Eisenbahnbedarf AG (SEAG). Sie wurden unter der Dokumentationsnummer 6190 eingereiht. 1994 kamen beide Wagen zur Deutschen Bahn AG und wurden dort als Uaai 830 bezeichnet.

Je fünf Radsätze wurden zu einem Laufwerk mit Vollradsätzen, Blatttragfedern und kurzen Schaken zusammengefasst. Die beiden Laufwerke waren über eine Zwischenbrücke miteinander verbunden. Auf ihr lagen die Tragschnäbel auf.

Jedes der vier Laufwerke besaß seine eigene vollständige Bremsanlage der Bauart Hik-G mit einem Bremszylinder, mechanischer Lastabbremsung und einfachen Grauguss-Bremssohlen. Zwei Feststellbremsen legten die Laufwerke fest und verhinderten so das Wegrollen der Wagen. Sie ließen sich über eine Handkurbel am Geländer der Endbühnen anlegen und lösen. An den Enden der äußeren Laufwerke waren die geteilte Zugeinrichtung und Stoßeinrichtungen montiert.

Die Wagen konnten mit und ohne Ladebrücke eingesetzt werden. Im ersten Fall übernahm

Länge über Puffer (max) (mm)	43.000
Eigenmasse (kg)	
ohne Brücke (kg)	137.000
mit Brücke (kg)	160.000
Nutzlast (kg)	
ohne Brücke	240.000
mit Brücke	120.000
Höchstgeschwindigkeit (km/h)	75
Bremse	4 x Hik-G
Erstes Baujahr	1958

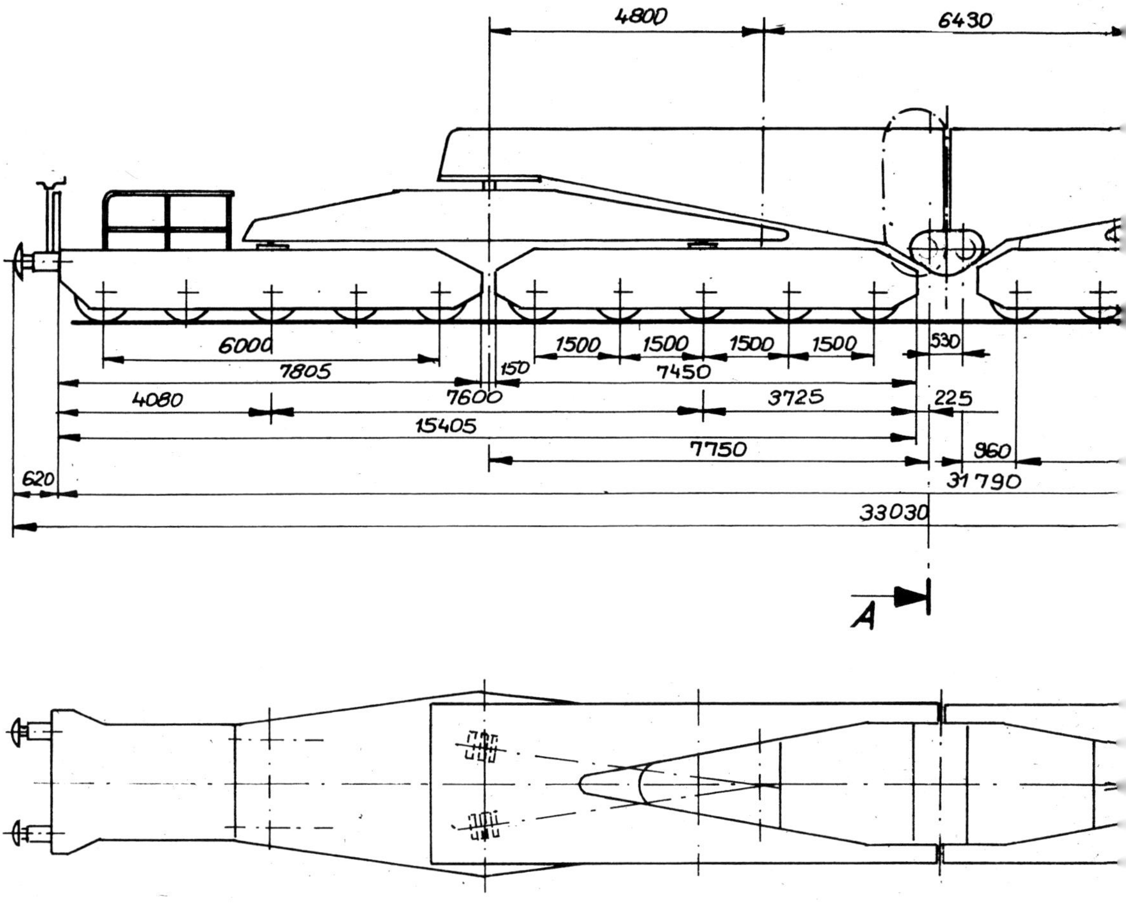

das Ladegut, zum Beispiel ein Transformator, die Verbindung der beiden Wagenhälften und übertrug Zug- und Druckkräfte. Im zweiten Fall diente hierfür die Ladebrücke, die als Wanne mit Seitenwänden ausgebildet war. Das Ladegut leitete dann keine Kräfte weiter. An einem Wagenende thronten Kisten für Werkzeug und ein Schutzhaus aus Metall für das Personal.

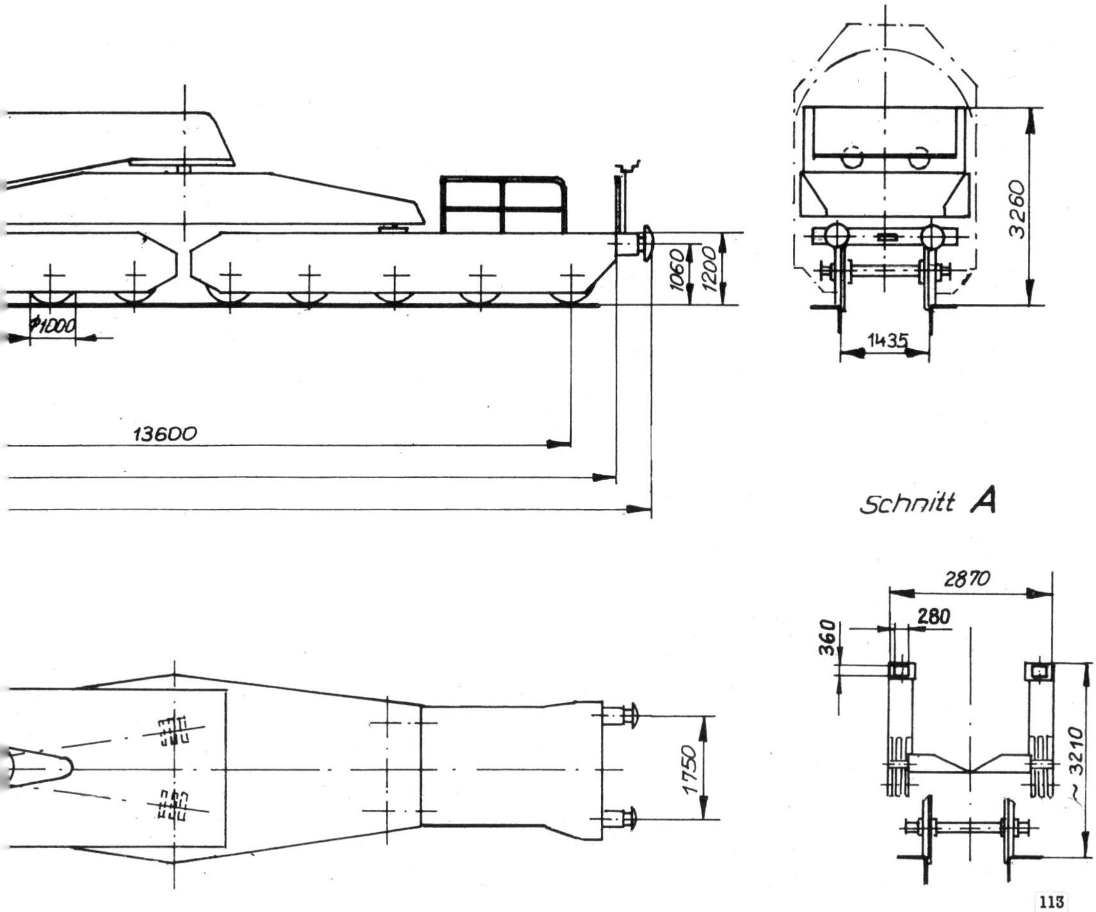

Uaai [9950] (Dok 6167)

Diese zwölfachsigen Tiefladewagen bestanden aus einer Ladebrücke, die sich über eine Zwischenbrücke auf zwei dreiachsige Drehgestelle an jedem Wagenende abstützte. Zwischen der Ladebrücke und der Zwischenbrücke übertrugen Lastrollen die senkrechten Kräfte. Stützrollen hielten die Ladebrücke in ihrer normalen Lage. Die beiden Zwischenbrücken besaßen an jeweils einem Ende normale Zug- und Stoßeinrichtung mit Schraubenkupplungen und Hülsenpuffern. Die beiden Drehzapfen, welche die Fahrgestelle mit der Ladebrücke verbanden, ermöglichten das Verschieben der Ladebrücke manuell über Handhebel um 300 mm aus der Mittellage nach beiden Seiten. Oben war die Ladebrücke durch ein 20 mm dickes, mit den Längsträgern und den Quersteifen verschweißtes Blech abgedeckt. Im Deckblech gab es in regelmäßigen Abständen und über die gesamte Ladelänge verteilt Bohrungen zur Befestigung bzw. Sicherung des Ladeguts. Die Brücken waren im Ladebereich nach oben vorgesprengt und bildeten so beladen eine ebene Fläche. Die Zwischenbrücken aus zwei äußeren und zwei inneren Längsträgern waren durch Querträger verbunden. Die geschweißten Drehgestelle besaßen geschlossene Rahmen in Profil- und Blechbauweise sowie normalspurige Rollenlager-Radsätze, wobei der Einbau von Breitspur-Radsätzen möglich war. Die Dämpfung erfolgte durch an den Seitenwangen des Drehgestells befestigte Reibstoßdämpfer, die jeweils auf eine Gleitfläche des Radsatzlagergehäuses der Endradsätze der Drehgestelle wirkten. Ausgleichshebel verbanden die Radsatzlagergehäuse miteinander. Jedes Drehgestell wurde mechanisch abgebremst, unabhängig von den übrigen Drehgestellen. Für jede Wagenhälfte stand eine pneumatische selbsttätige Druckluftbremse zur Verfügung, die vollständig im Drehgestell untergebracht war. Ferner war je Wagenhälfte eine Feststellbremse für ein Abbremsen im Stand vorgesehen, die allerdings nur auf ein Drehgestell wirkte.

Länge über Puffer (mm)	31.500
Tiefladelänge (mm)	9.000
Ladebreite (mm)	2.600
Eigenmasse (kg)	92.700
Lastgrenzen (kg)	
A	58.000
B1	64.000
B2	105.000
C1	147.000
C2	105.000
C3	133.000
Höchstgeschwindigkeit (km/h)	80
Bremse	2 x KE-G
Radsatzstand pro Drehgestell (mm)	2 x 1.500
Erstes Baujahr	1971

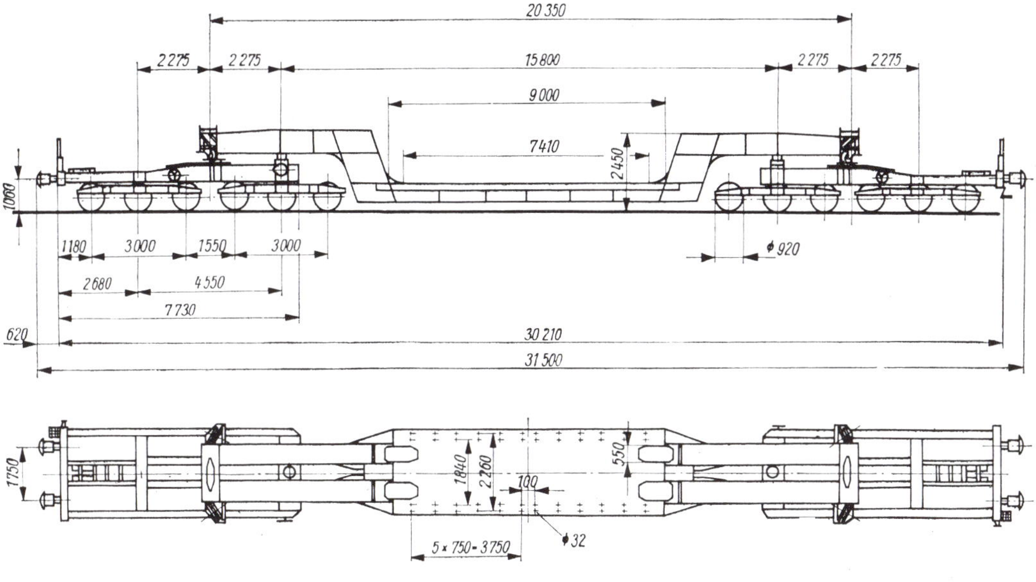

20 350
2 275
2 275
15 800
2 275
2 275
9 000
7 410
2450
1060
1180
3 000
1 550
3 000
ϕ 920
2 680
4 550
7 730
620
30 210
31 500
1750
1840
2 260
550
100
5 × 750 = 3 750
ϕ 32

Uaai [9940] (Dok 6104)

Im Jahr 1972 baute die Société Franco-Belge in Frankreich für die Reichsbahn vier achtachsige Tiefladewagen mit einer Tragfähigkeit von 80 Tonnen. 1994 gelangten die vier Fahrzeuge noch zur Deutschen Bahn AG, welche die Wagen aber nicht mehr in ihr Bezeichnungsschema übernahm, sondern sie 1997 ausmusterte.

Die Ladebrücke ruhte auf zwei vierachsigen Fahrgestellen, die durch je eine Drehpfanne mit Drehzapfen verbunden waren. Die Rahmen der Laufwerke in Profil- und Blechbauweise waren komplett geschweißt. Schraubenfedern mit Federausgleichshebel verteilten die Last gleichmäßig auf alle Radsätze. Reibungsstoßdämpfer an den Seitenwangen des Laufwerks wirkten auf eine Gleitfläche an den Radsatzlagergehäusen.

Die Monobloc-Vollradsätze liefen in Rollenlagern und konnten gegen Breitspur-Radsätze ausgetauscht werden.

Die Zugeinrichtungen mit je zwei hintereinander liegenden Kegelfedern besaßen normale Schraubenkupplungen sowie die Hochleistungspuffer als Stoßeinrichtung, runde, drehbare Pufferteller und einen Arbeitshub von 105 mm.

Jedes Drehgestell bediente eine eigene, komplette Bremsanlage der Bauart KE-G mit automatischem Lastwechsel und doppelter Abbremsung eines jeden Radsatzes. Zudem war in jedem Laufwerk eine bodenbedienbare Feststellbremse vorhanden.

Länge über Puffer (mm)	36.260
Ladelänge (mm)	28.400
Tiefladelänge (mm)	20.500
Ladebreite (mm)	2.400
Eigenmasse (kg)	80.000
Lastgrenzen (kg)	
A	48.000
B	64.000
C	80.000
Höchstgeschwindigkeit (km/h)	80
Bremse	2 x KE-G
Radsatzstand im Drehgestell (mm)	4 x 1.500
Radsatzstand (mm)	32.900
Erstes Baujahr	1972

Die gekröpfte, leicht vorgesprengte Ladebrücke bestand in der Mitte aus durchgehenden I-Trägern und zwei außenliegenden Trägern. Oben war sie mit einem 20 mm dicken, mit den Lang- und Querträgern verschweißten Blech abgedeckt. In Bohrungen konnten Gurte oder Seile zur Ladungssicherung befestigt werden. Die nach oben gekröpften Enden der Brücke waren wie der Tiefladebereich aufgebaut. Die an jeder Seite montierten Stützrollen liefen auf den Drehgestellen und verhinderten so ein Kippen der Ladebrücke.

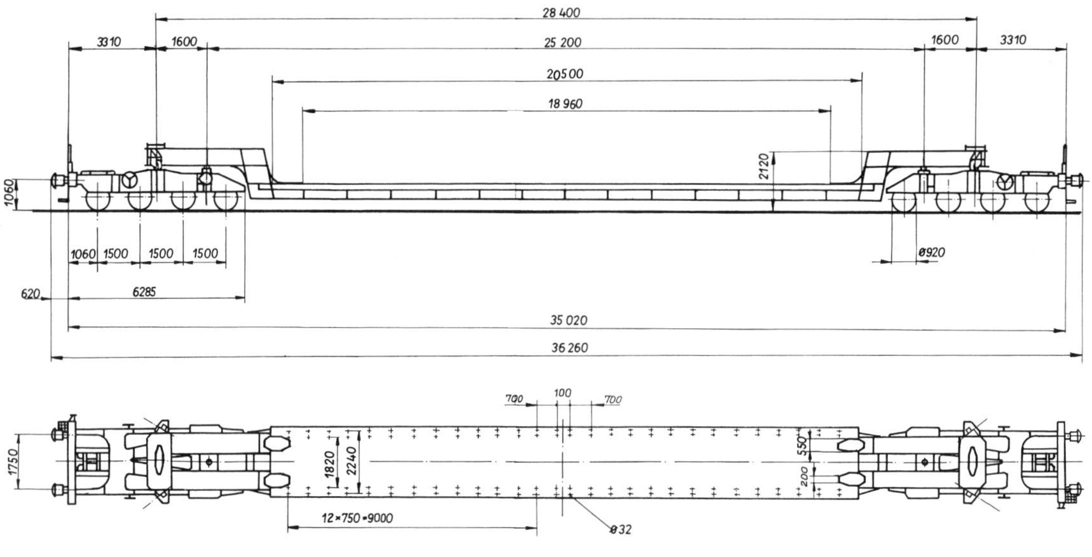

Uaai [9950] (Dok 6155)

Die beiden von der Société Franco-Belge in Frankreich gebauten zehnachsigen Tiefladewagen der Bauart Uaai mit der Dokumentationsnummer 6155 gelangten 1972 in den Bestand der Reichsbahn. 1994 kam noch einer der beiden Wagen zur Deutschen Bahn AG. Er wurde aber ohne vorherige Umzeichnung 1997 ausgemustert.

Das Laufwerk der Wagen bestand aus zehn rollengelagerten Radsätzen mit Vollrädern. Dabei waren zwei je zwei- und dreiachsige Drehgestelle mit Schraubenfedern über eine Zwischenbrücke verbunden, welche die eigentliche Ladebrücke trug. An je einem Ende dieser Zwischenbrücken befanden sich die Zug- und Stoßeinrichtungen. Auf jede Fahrwerksgruppe wirkte eine eigene Druckluftbremse der Bauart KE-G mit automatischer Lastabbremsung und bodenbedienbare Feststellbremsen verhinderten das selbstständige Wegrollen der Wagen. Die mit Elastomerfedern bestückte Zugeinrichtung trug normale Schraubenkupplungen und seitlich waren Hochleistungspuffer der Bauart Ringfeder mit runden Puffertellern montiert.

Die wannenförmig ausgebildete Tiefladebrücke eignete sich besonders zur Beförderung langer und schwerer Behälter wie Kessel mit großem Durchmesser. Die Brücke konnte aus ihrer Mittellage um 300 mm nach jeder Seite hin manuell mit entsprechenden, ansteckbaren Handkurbeln verschoben werden und ließ sich im Abstand von 50 mm arretieren. Die gesamte Ladefläche war mit Blechen abgedeckt. Zur Ladungssicherung wies sie zwei Reihen Bohrungen (Durchmesser: 32 mm) auf. Zudem gab es Zurr-Ösen an den Langträgern. Die Stützrollen an den Enden der Ladebrücke liefen auf den Zwischenbrücken und übertrugen die vertikal auftretenden Kräfte.

Länge über Puffer (mm)	**32.300**
Ladelänge (gesamt) (mm)	**22.640**
Tiefladelänge (mm)	**13.000**
Ladebreite (mm)	**1.970**
Eigenmasse (kg)	**87.000**
Lastgrenzen (kg)	
A	**68.000**
B1	**73.500**
B2	**93.000**
C	**113.000**
Höchstgeschwindigkeit (km/h)	**80**
Bremse	**2 x KE-G**
Radsatzstand im Drehgestell (mm)	**1.500/2 x 1.500**
Radsatzstand (mm)	**28.700**
Erstes Baujahr	**1972**

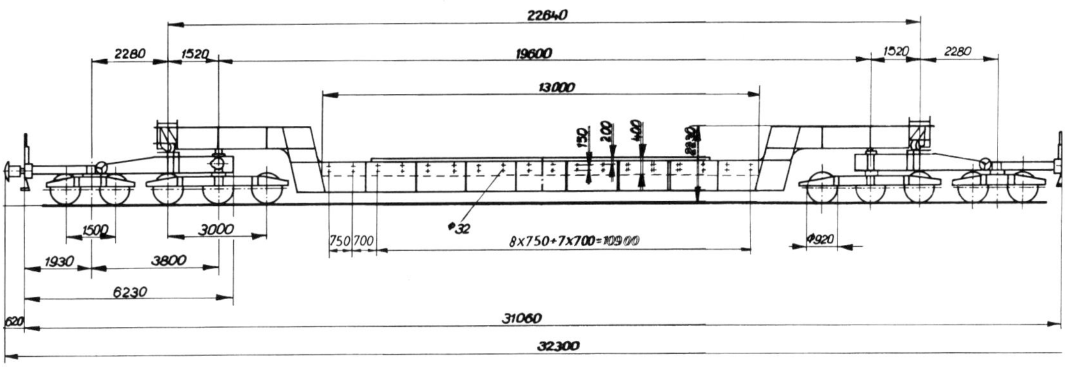

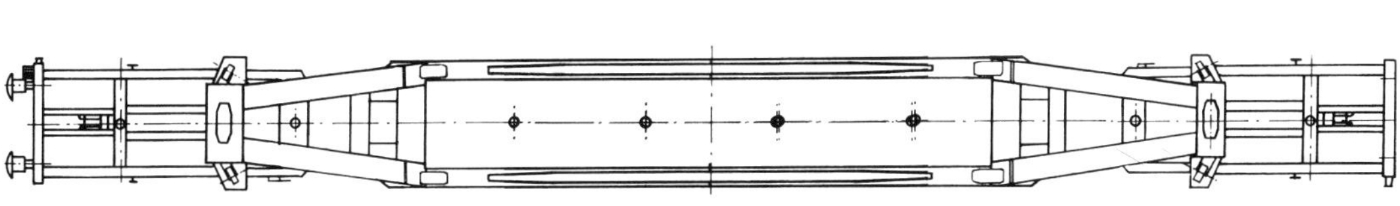

Uaaikks [9940] (Dok 6118)

Fünf Exemplare dieses Tiefladewagens wurden 1976 von der Waggon-Union in Siegen für die Reichsbahn gebaut und von ihr als Uaais mit der Dokumentationsnummer 6118 eingereiht. Vier der fünf Fahrzeuge kamen 1994 noch zur Deutschen Bahn AG. Dort schieden sie als Uaaikks 788 bis zum Jahr 2000 aus dem Bestand aus.

Der Wagen bestand aus einer Ladebrücke und zwei vierachsigen Drehgestellen. Seine Radsätze der Bauart 81 mit einem Laufkreisdurchmesser von 920 mm ruhten in Rollenradsatzlagern und waren über Langschaken und Blattfedern mit dem geschweißten Rahmen des Drehgestells verbunden. Die Verbindung jeweils zweier Radsätze übernahmen Ausgleichshebel. Die geschweißte Ladebrücke in Stahlbauweise war nach oben vorgesprengt. An entsprechenden Bohrungen (Durchmesser 32 mm, Abstand 750 mm) konnten Spanngurte verankert werden. Die Ladebrücke ließ sich von der Stirnbühne aus über eine Handkurbel und ein Kettengetriebe um bis zu 400 mm nach beiden Seiten aus ihrer Mittellage mechanisch verschieben. Dazu wiesen die Drehgestelle einen rollengelagerten Verschubträger auf. Um eine optimale Tiefladelänge zu erreichen, führte man die Kröpfungen an den Enden des Tiefladebereichs möglichst steil und ohne Ausrunden aus.

Die geteilte Zugeinrichtung war mit Gummi-Stahlscheibenfedern (Elastomerfedern) bestückt. Montiert waren normale Schraubenkupplungen und Zughaken, doch konnte auch eine automatische Mittelpufferkupplung nachgerüstet werden. Vier Hochleistungspuffer der Bauart Ringfeder mit runden Puffertellern übertrugen die Stoßkräfte. In jedem Drehgestell wirkte eine eigene, abschaltbare Druckluftbremse der Bauart KE-GP mit einem Bremszylinder und pneumatischem Lastwechsel. Beide Bremsen waren durch eine Luftleitung gekuppelt, die man in die Ladebrücke integriert hatte. Außerdem gab es eine vom Boden aus bedienbare Feststellbremse.

Länge über Puffer (mm)	36.100
Ladelänge (gesamt) (mm)	28.850
Tiefladelänge (mm)	20.500
Ladebreite (mm)	2.400
Eigenmasse (kg)	74.000
Lastgrenzen (kg)	
A	46.000
B	58.000
C2	74.000
C3	74.000
C4	86.000
AS	46.000
BS	58.000
C2S	58.000
C3S	58.000
C4S	58.000
Höchstgeschwindigkeit (km/h)	100
Bremse	KE-GP
Radsatzstand im Drehgestell (mm)	3 x 1.600
Radsatzstand (mm)	33.110
Erstes Baujahr	1976

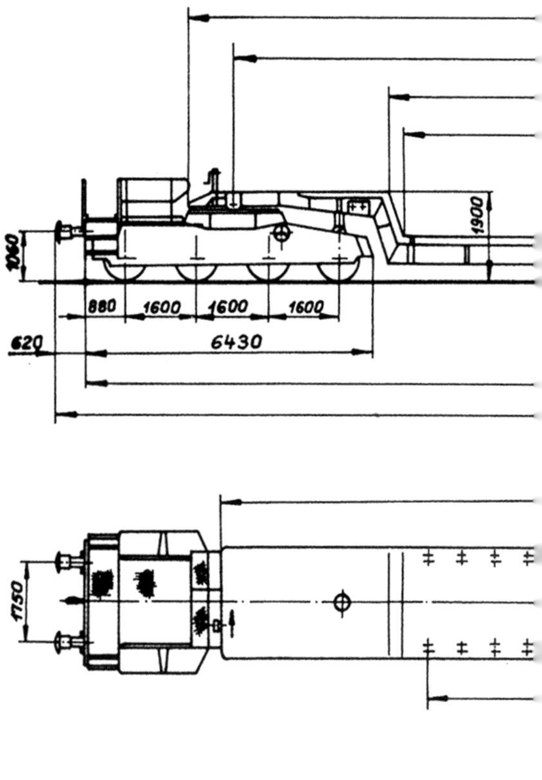

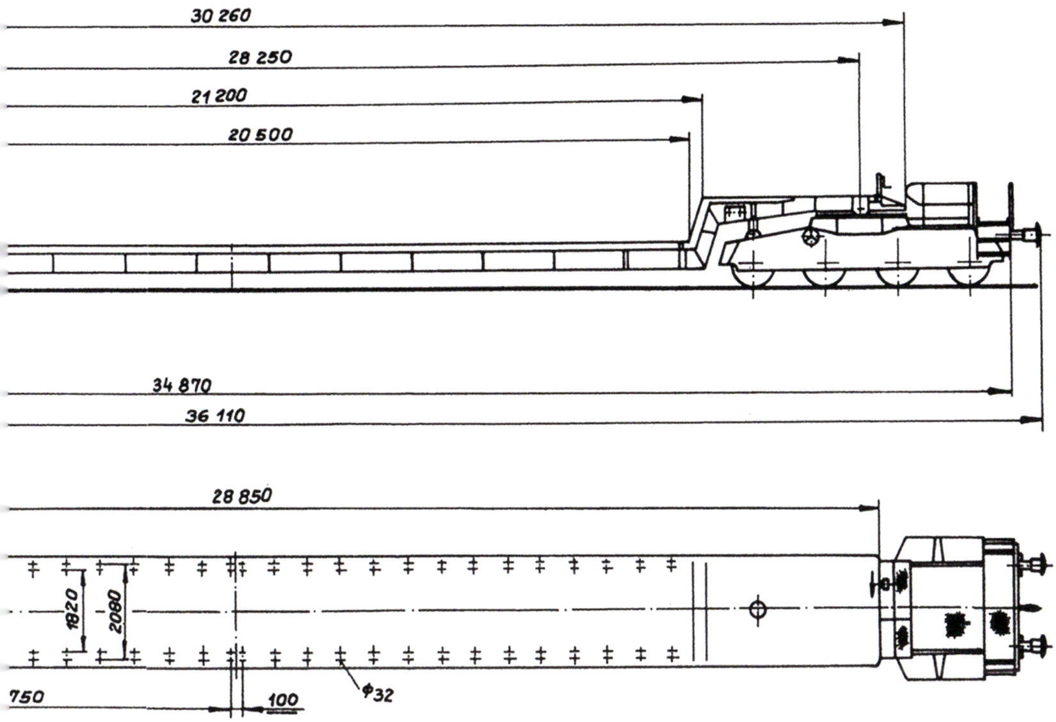
30 260
28 250
21 200
20 500
34 870
36 110
28 850
1820
2080
750
100
φ32

Uais [9910] (Dok 6033)

1985 baute die Waggon Union Siegen fünf vierachsige Tiefladewagen für die Reichsbahn, die sie als Uais [9910] unter der Dokumentationsnummer 6033 einreihte. Die Wagen stammten aus einem größeren Beschaffungsprogramm, mit dem die Reichsbahn Mitte der 1980er Jahre ihre alten Tiefladewagen erneuern wollte. Die Deutsche Bahn AG übernahm alle fünf Wagen und reihte sie als Uais 745 in ihren Bestand ein. Anfang 2007 gingen sie an die ehemalige DB-Tochter HCS (Heavy Cargo Service) der Unternehmensgruppe »Daher« über.

Die beiden zweiachsigen Drehgestelle der Bauart »WU 83-12« konnten um 360 Grad unter der Ladebrücke gedreht werden. Parabelfedern und einfache Schaken verbanden die rollengelagerten Radsätze mit den Drehgestellrahmen.

Die Druckluftbremse der Bauart KE-GP funktionierte mit einem mechanisch-pneumatischen Lastwechsel, wobei jedes Drehgestell einen eigenen Bremszylinder samt Bremsgestängesteller beinhaltete. Eine von der Stirnbühne aus bedienbare Feststellbremse ergänzte die Bremsausstattung.

Die Zug- und Stoßeinrichtungen waren direkt an den Enden der Ladebrücke montiert, wobei der Einbau einer automatischen Mittelpufferkupplung konstruktiv möglich war. Die geteilte Zugeinrichtung besaß Federn aus Gummi-Stahl-Elementen. Die Hochleistungspuffer der Bauart Ringfeder wiesen nicht drehbare, rechteckige Pufferteller auf.

Die vollständig geschweißte Ladebrücke der Wagen war in Steg-Gurt-Bauweise hergestellt. Zurrösen und Bohrungen im Wannen-

Länge über Puffer (mm)	**19.720**
Ladelänge (mm)	**18.480**
Tiefladelänge (mm)	**8.000**
Ladebreite (mm)	**2.480**
Ladebreite (Tiefladewanne) (mm)	**1.838**
Eigenmasse (kg)	**31.100**
Lastgrenzen (kg)	
A	**31.500**
B	**39.500**
CS	**49.500**
D	**57.500**
Höchstgeschwindigkeit (km/h)	**100**
Bremse	**KE-GP**
Radsatzstand im Drehgestell (mm)	**1.800**
Radsatzstand (mm)	**14.700**
Erstes Baujahr	**1985**

blech dienten zur Sicherung der Ladung mit Bändern und Seilen. Die Brücke konnte mit Handrädern und Schneckengetrieben um 400 mm nach rechts und links aus ihrer Mittellage verschoben werden. Dabei sicherten Bolzen die Mittellage. Befand sich die Ladebrücke außerhalb der Mittelstellung, durften die Wagen nur mit Schrittgeschwindigkeit verschoben werden.

Zik [7121] (Dok 8391)

Die zweiachsigen Topfwagen dienten zum Transport von Säuren und Laugen der chemischen Industrie, die Tanks aus Stahl angreifen würden und die deshalb nur in Keramikbehältern befördert werden konnten. Die Reichsbahn beschaffte keine neuen Wagen dieses Typs, sondern übernahm nur Fahrzeuge, die vor dem Zweiten Weltkrieg gebaut worden waren. Wie schon vor dem Krieg waren die Wagen auch bei der Reichsbahn als Privatwagen unterwegs. Weil die Wagen nach Wünschen der Besitzer gestaltet wurden, unterschieden sie sich in in ihren Maßen, so in der Länge oder der Anzahl und Durchmesser der Töpfe. So gab es Fahrzeuge mit zehn oder zwölf Töpfen.
Das Laufwerk mit Blatttragfedern mit Einfachschaken lief auf rollengelagerten Radsätzen.
Die Bremse der Bauart Hildebrandt-Knorr Hik-G mit mechanischer Lastabbremsung und Bremsgestängesteller wirkte auf einfache Bremssohlen aus Grauguss. Die Handbremse ließ sich mit einer Kurbel von der Stirnbühne aus bedienen.
An den Kopfstücken des Untergestells waren Ringfeder-Hülsenpuffer, Schraubenkupplungen und Zughaken montiert und die durchgehende Zugvorrichtung war mit Kegelfedern bestückt.

Länge über Puffer (mm)	**9.490**
Laderaum (m³)	**12 x 1**
Eigenmasse (kg)	**15.800**
Lastgrenzen (kg)	
A	**16.000**
B	**16.000**
C	**16.000**
Höchstgeschwindigkeit (km/h)	**80**
Bremse	**Hik-G**
Radsatzstand (mm)	**4.500**
Erstes Baujahr	**1920**

Der Aufbau bestand aus zehn Steinguttöpfen die nach TGL-Vorgaben gefertigt waren und im oberen und unteren Bereich durch je vier Halteklötze gesichert wurden. Ein von der Bremserbühne über eine Aufstiegsleiter zu erreichender Bedienungssteg umgab die Einfüllöffnungen der Töpfe. Steingut-Schraubstopfen mit Weichgummidichtung oder Holzstopfen dienten zum Verschluss der Steinguttöpfe. Um ein Abfließen von übergelaufenem Ladegut zu sichern, bestand der leicht geneigte Wagenboden aus Holz. Auch an den Stirnseiten waren Holzwände montiert, die ein Verschieben der Töpfe verhinderten. An den Längsseiten wurden die Töpfe durch ein Stahlfachwerk gehalten, wobei an diesem Fachwerk auch die Blechtafeln mit Aufschriften montiert waren.

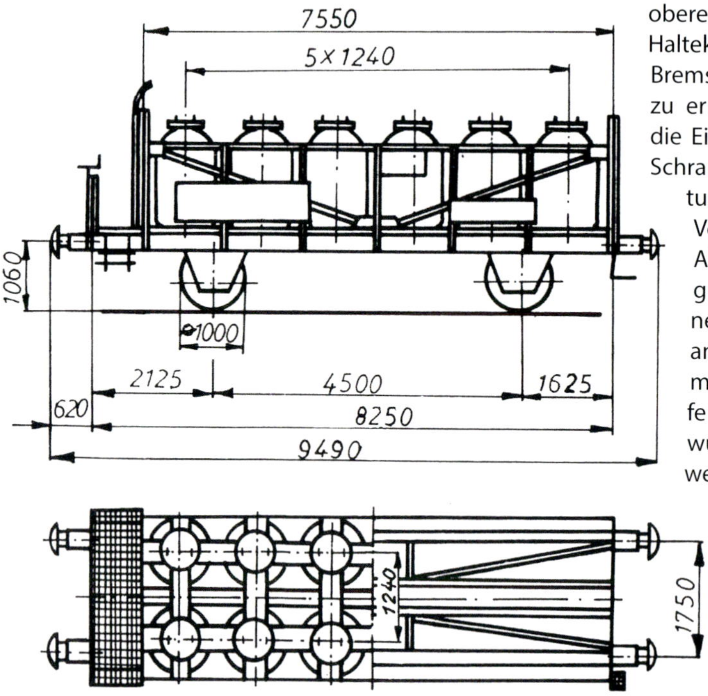

Zkk-w [7004, 7051] (Dok 8005)

Anfang der 1960er Jahre übernahm das Raw Jena neben der Ausbesserung von Güterwagen die Produktion neuer Fahrzeuge. Dazu gehörten auch die zweiachsigen Kesselwagen vom Typ Zw für die Beförderung von brennbaren Flüssigkeiten. Sie waren die ersten zweiachsigen Neubau-Kesselwagen der Reichsbahn, von denen über 700 Exemplare gefertigt wurden. 1991 privatisierte die Reichsbahn ihren Kesselwagenbestand, dabei wurden die meisten dieser Wagen ausgemustert.

Die Wagen in herkömmlicher Bauweise mit einem stabilen Untergestell besaßen ein Laufwerk mit zwei rollengelagerten Vorradsätzen entsprechend den Vorgaben der UIC. Blattragfedern und Doppelschaken oder einfache Federlaschen – je nach Bauserie – dämpften Unebenheiten im Gleis.

Die durchgehende Zugeinrichtung mit Evolutfedern wies normale Schraubenkupplungen und Zughaken auf und als Stoßeinrichtung dienten Hülsenpuffer der Bauart Ringfeder mit runden Puffertellern.

Das geschweißte Untergestell bestand aus Profilen und abgekanteten Blechen in normaler Baustahl-Qualität. Die Radsatzhalter waren dagegen noch an das Untergestell angenietet. Auf den Langträgern montierte Sattelbleche trugen den Kessel und eine Übergangsbühne befand sich an einem Wagenende.

Die Druckluftbremse der Bauart Knorr KE-GP mit mechanischem Lastwechsel und selbsttätigem Bremsgestängesteller wirkte über acht Grauguss-Bremssohlen auf beide Radsätze. Die Feststellbremse wurde über eine Kurbel von der Übergangsbühne aus bedient, wo eine Leiter auf den Kesselscheitel führte. Dort gab es einen Laufsteg zum Dom in der Mitte des Kessels, wo sich auch die Befüllöffnung und die Sicherheitseinrichtungen befanden. Der Kessel aus vier Schüssen war komplett geschweißt und seine Wanddicke lag zwischen 8 mm (oben) und 12 mm (unten). Zwei Ablassstutzen in der Mitte der Längsseiten ermöglichten das Entleeren der Wagen auf beiden Seiten. Sie wurden durch ein Doppelschuss-Bodenventil verschlossen. Ferner waren noch zwei Schnellzapfventile vorhanden.

Länge über Puffer (mm)	9.500
Laderaum (m³)	31,5
Eigenmasse (mm)	12.200
Lastgrenzen (kg)	
A	19.800
B	23.800
C	27.800
Höchstgeschwindigkeit (km/h)	80
Bremse	KE-GP
Radsatzstand (mm)	4.850
Erstes Baujahr	1961

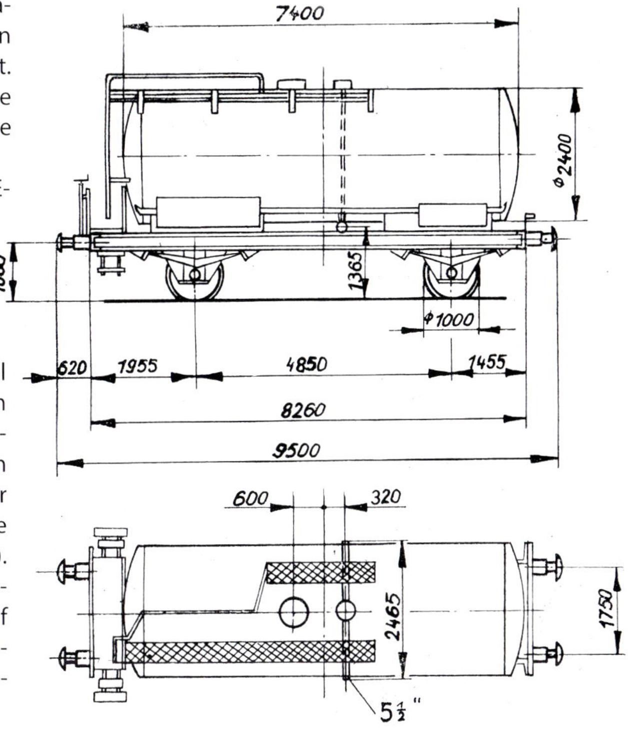

Zae [7748] (Dok 8111)

Für den Transport von Rohöl, Heizöl aber auch für Speiseöle beschaffte die Reichsbahn ab 1962 die vierachsigen Kesselwagen der Bauart Za. Die als Privatwagen eingestellten Fahrzeuge wurde in Brügge (Belgien) gefertigt und liefen auf zweiachsigen Drehgestellen der Bauart Niesky mit rollengelagerten Vollradsätzen, Schraubenfedern und einfachen Schaken.
Die Bremse der Bauart Knorr KE-GP mit mechanischer Lastabbremsung und einem am Untergestell aufgehängten Bremszylinder wirkte über den Bremsgestängesteller auf alle vier Radsätze.
Die geteilte Zugeinrichtung mit Kegelfedern und Schraubenkupplungen entsprach samt Stoßeinrichtung mit Ringfeder-Hülsenpuffern den Vorgaben der UIC.

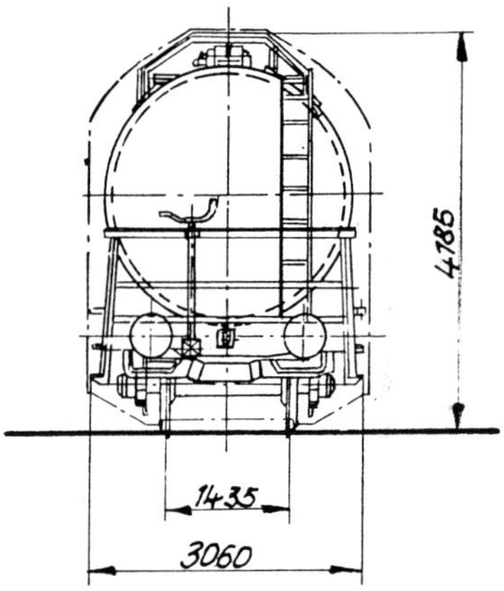

Das Untergestell wies an einem Ende eine Stirnbühne auf, von der aus eine Leiter auf den Kesselscheitel führte. Dort befand sich ein Laufsteg zur Mitte des Kessels mit dem Befüllstutzen.
Der Behälter war vollkommen geschweißt, mit einer 75 mm dicken Schicht aus Glaswolle wärmegedämmt und außen mit Aluminiumblech verkleidet. Er stand auf Sattelblechen, die auf dem Untergestell montiert waren. Zum Ausdehnen bzw. Zusammenziehen des Kessels bei Temperaturänderungen war er auf einer Seite fest an die Bleche angenietet (Festsitz), auf der anderen angeschraubt (Gleitsitz). Die Bedienung der Entleerungseinrichtung erfolgte vom Boden aus mit einem Handrad, wobei die Wagen auf jeder Längsseite entleert werden konnten. Eine beheizbare Ablasseinrichtung sorgte für ein vollständiges und zügiges Entleeren. Dazu waren vier Heizrohe im Behälter montiert, die von der Zuglok mit Dampf versorgt werden konnten.

Länge über Puffer (mm)	**12.390**
Laderaum (m³)	**40**
Eigenmasse (kg)	**24.000**
Lastgrenzen (kg)	
A	**39.000**
B	**47.000**
C	**55.000**
Höchstgeschwindigkeit (km/h)	**80**
Bremse	**KE-GP**
Drehgestellbauart	**962 (Niesky)**
Radsatzstand im Drehgestell (mm)	**2.000**
Radsatzstand	**8.400**
Erstes Baujahr	**1962**

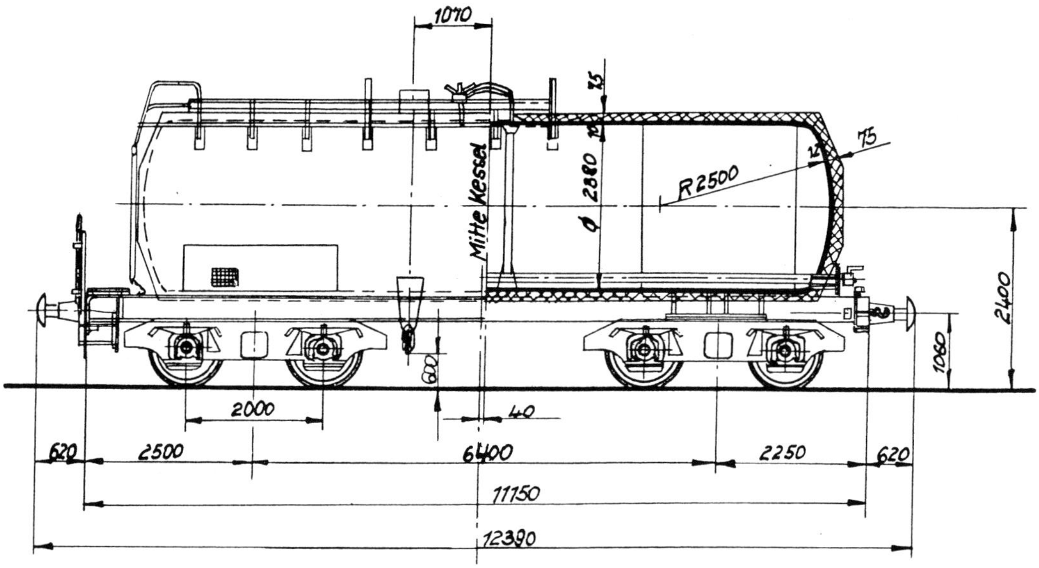

Zegkk [7217] (Dok 8251)

Im Jahr 1963 begann das bahneigene Ausbesserungswerk in Jena in Zusammenarbeit mit dem VEB Maschinenfabrik und Eisengießerei Wurzen mit dem Bau von Kesselwagen zur Beförderung von flüssigem Kohlendioxyd. Die Lieferung der als Privatwagen eingestellten Fahrzeuge erstreckte sich bis 1968. 1993 wurden die Wagen an die KVG verkauft, die sich aber schon bald von ihnen trennte.

Die Kesselwagen besaßen ein unterkritisches Laufwerk mit Blattfedern und einfachen Schaken.

Zur Bremseinrichtung gehörten eine Druckluftbremse der Bauart KE-GP, eine Feststellbremse sowie eine Spindelhandbremse zum Festlegen der Wagen. Zug- und Stoßeinrichtungen mit normalen Schraubenkupplungen und Ringfeder-Hülsenpuffern entsprachen den Vorgaben der UIC. Die ab 1960 gebauten Wagen konnten mit einer automatischen Kupplung ausgerüstet werden.

Das komplett geschweißte Untergestell entsprach der Einheitsbauart, war um 500 mm verlängert und auf einer Seite um eine Stirnbühne erweitert. Den geschweißten Druckgasbehälter umgab unten eine Isolierwanne und oben ein Dämmmantel, was erforderlich zur Beförderung von Ladegut mit einer Temperatur von -20 °C bis -40 °C. Der Behälter stand über vier Tragschienen auf dem Untergestell und wies Wandstärken zwischen 20 mm (Boden) und 14 mm (Mantel) auf. Zylindrische Löcher und Langlöcher ermöglichten das Verschieben des Behälters auf den Schienen bei Wärmeausdehnung. Die Anschlüsse zum Befüllen und Entleeren, der Druck- und der Flüssigkeitsanzeiger sowie die Sicherheitsventile befanden sich unter einem verschließbaren Domdeckel auf dem Kesselscheitel. Leitungen zur Restentleerung und ein Anschluss für einen zweiten Flüssigkeitsanzeiger waren im Kesselraum montiert. Damit das Ladegut gasförmig entnommen werden konnte, erhielten die Wagen eine elektrische Heizung mit einer Leistung von 25 kW im Behälter. Prüf- und Überwachungseinrichtungen befanden sich in einem Armaturenschrank hinter der Bremserbühne.

Länge über Puffer (mm)	**9.500**
Laderaum (m³)	**20**
Eigenmasse (kg)	**19.600**
Lastgrenzen (kg)	
A	**12.000**
B	**16.000**
C	**20.000**
Höchstgeschwindigkeit (km/h)	**80**
Bremse	**KE-GP**
Radsatzstand (mm)	**4.850**
Erstes Baujahr	**1963**

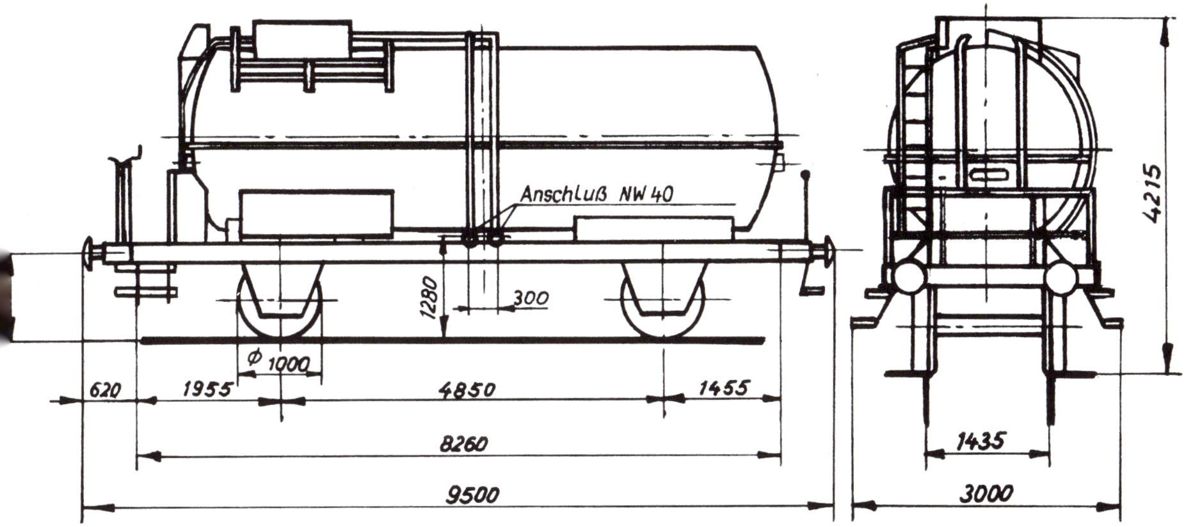

Ze [7098] (Dok 8023)

Die zweiachsigen Behälterwagen der Bauart Zkk beschaffte die Reichsbahn in den Jahren 1965 und 1966 für den Transport von Bitumen, Pech, Steinkohlenteer und Vergussmassen. Sie wurden im bahneigenen Ausbesserungswerk Jena gebaut.

Die Kesselwagen ruhten auf Laufwerken mit achtlagigen Blattfedern, Einfachschaken und rollengelagerten Vollradsätzen.

Die Bremse der Bauart Knorr KE-GP mit zweistufigem mechanischem Lastwechsel und einem Bremszylinder bewegte über den Bremsgestängesteller die Grauguss-Bremssohlen, die von beiden Seiten auf die Radsätze wirkten. Die Feststellbremse musste mit einer Handkurbel am Geländer der Übergangsbühne bedient werden.

Normale Schraubenkupplungen und Federpuffer der Bauart Ringfeder mit runden Tellern stellten die Verbindung zu den Nachbarfahrzeugen her.

Länge über Puffer (mm)	9.000
Laderaum (m³)	20
Eigenmasse (kg)	14.000
Lastgrenzen (kg)	
A	18.000
B	22.000
C	26.000
Höchstgeschwindigkeit (km/h)	80
Bremse	KE-GP
Radsatzstand (mm)	4.850
Erstes Baujahr	1965

Der größte Teil der Behälter war mit einer 100 mm dicken Schicht aus Glaswolle gedämmt und mit Aluminiumblechen verkleidet. Zur Domöffnung auf dem Kesselscheitel (Durchmesser: 470 mm) und zum Handrad des Bodenventils gelangt man von beiden Längsseiten der Wagen über Aufstiegsleitern. Die Entleerung erfolgte von beiden Seiten unterhalb des Behälters durch je ein heizbares Ablassrohr mit Kegelablasshahn und einem Gewindeanschluss nach TGL-Vorgaben. Die Heizeinrichtung im Behälter bestand aus zwölf Heizröhren mit einem Durchmesser von je 100 mm und war für einen Betriebsdruck von 0,4 MPa ausgelegt. Angeschlossen wurde die Heizung am Nichtbremsende des Fahrzeugs über einen Heizregelhahn Bauart Deutsche Reichsbahn. Zur Gewährleistung der ständigen Einsatzfähigkeit der Heizeinrichtung musste man darauf achten, dass nach dem Aufheizvorgang die gesamte Heizanlage zu entwässern war.

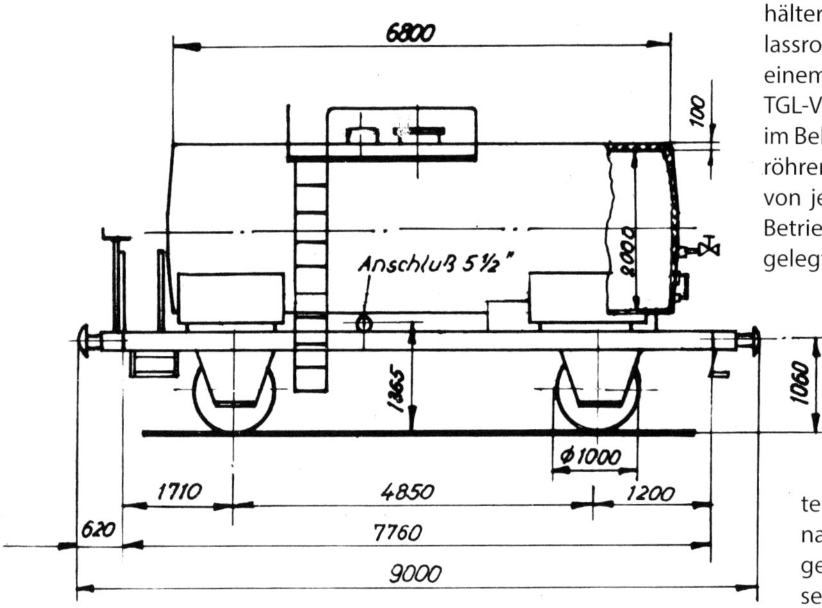

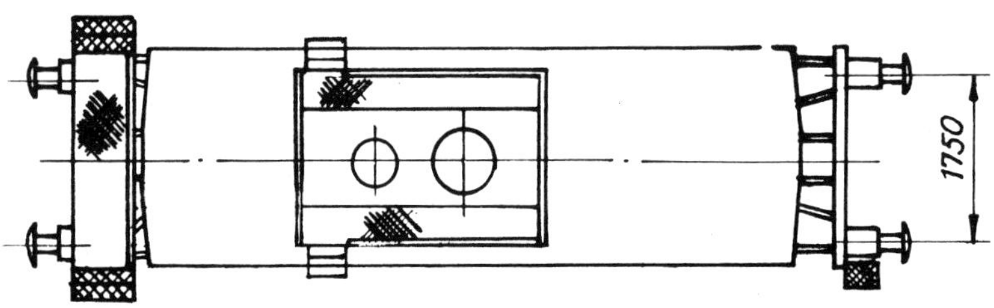

Zagkk [7717] (Dok 8321)

Länge über Puffer (mm)	17.490
Laderaum (m³)	100
Eigenmasse (kg)	36.000
Lastgrenzen (kg)	
A	28.000
B	36.000
C	44.000
Höchstgeschwindigkeit (km/h)	80
Bremse	KE-GP
Drehgestellbauart	962 (Niesky)
Radsatzstand im Drehgestell (mm)	2.000
Radsatzstand (mm)	13.500
Erstes Baujahr	1966

Die vierachsigen, ab 1966 gebauten Druckgaskesselwagen waren als Spezialfahrzeuge zum Transport von flüssigem Ammoniak vorgesehen. Die Beförderung von brennbaren Gasen wie flüssiges Propylen, Propan und Treibgasgemisch C war mit entsprechender Kennzeichnung (rote Banderole) ebenfalls möglich.
Die Drehgestelle besaßen rollengelagerte Radsätze nach UIC-Vorgaben mit einem Radsatzlagermittenabstand von 2.000 mm. Siebenlagige Blatttragfedern und Federlaschen verbanden die Radsatzlagergehäuse mit dem Drehgestellrahmen. Der Einbau von Spurwechsel-Radsätzen war möglich.
Die Druckluftbremse der Bauart KE-GP mit einem Steuerventil der Bauart, einem Lastwechselkasten, einem selbsttätigen Bremsgestängesteller der Bauart DRV 2-600, und einem Bremszylinder wirkte auf Bremsklötze aus Grauguss, wobei sowohl Druckluftbremse als auch Feststellbremse alle Räder doppelseitig ansprachen. Von der Übergangsbühne aus war ein Notbremshahn bedienbar. Vorhanden war eine geteilte Zugeinrichtung mit je zwei hintereinander liegenden Evolutfedern und normalen Zughaken und Schraubenkupplungen. Als Stoßeinrichtung dienten Hülsenpuffer mit Ringfedern und runden Puffertellern nach TGL-Vorgaben. Die offene Bremserbühne war von beiden Wagenseiten zugänglich. Am Nichtbremsende befand sich ein Ecktritt und an beiden Stirnseiten waren Kupplergriffe und UIC-Signalstützen angebracht.
Das in Leichtbauweise gefertigte, vollkommen geschweißte Untergestell bestand aus zwei Langträgern, zwei Hauptquerträgern, fünf Querträgern und zwei Kopfstücken mit Diagonalstreben. Die am Langträger und Hauptquerträger befindlichen Sattelseiten- und Sattelstehbleche trugen den unter besonderen Bedingungen geschweißten und anschließend geglühten Kessel. Der Kesselmantel bestand aus 15 mm starkem, der Kesselboden aus 16 mm starkem Spezialblech. Der Prüfdruck betrug 28 at Überdruck. Das 550 mm große von der Bremserbühne zu besteigende Mannloch an einer Stirnseite war verschraubt. Der Kessel stützte sich über den Gleitsattel (am Nichthandbremsende) und Festsattel (am Handbremsende) ab. Mit der längs am Kessel angeschweißten Befestigungsschiene war der Kessel mit den zwei Satteln verschraubt. Rohrleitungen mit Vorschweißflansche zum Füllen und Entleeren des Kessels thronten in der Wagenmitte unter dem Kessel. Die Handräder der Ventile waren gegen unbefugte Betätigung verplombt. Vor direkter Sonnenbestrahlung schirmte ein Aluminiumblech ab, welches ein Drittel des Kesselmantels bedeckte.

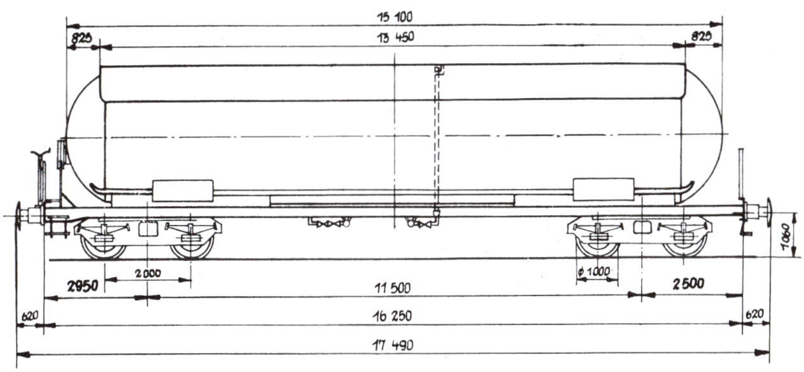

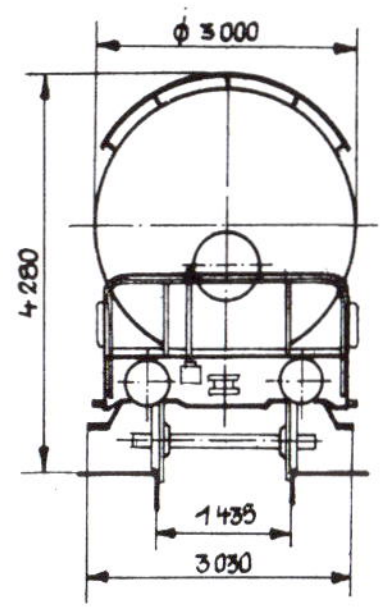

Zaes [7982] (Dok 8113)

Der vierachsigen Behälterwagen vom Typ Uahs – später Zaes – mit der Dokumentationsnummer 8113 waren für den Transport von Roherdöl, Heizöl, von dickflüssigen Ölen, Speiseölen und ähnlichen Erzeugnissen vorgesehen. Sie wurden 1968/69 von der jugoslawischen Waggonfabrik Kraljvo für die Reichbahn gefertigt.

Ihr Laufwerk bestand aus zwei zweiachsigen Drehgestellen der Bauart Niesky mit Rollenlagerradsätzen und Blatttragfedern. Die Druckluftbremse der Bauart KE-GP besaß einen automatischen Bremsgestängesteller und eine zweistufige Umstellvorrichtung. Der vollkommen geschweißte Behälter aus vier Segmenten und zwei Böden war mit einer Schicht Glaswolle (75 mm) gedämmt und mit Alu-Blech verkleidet. Über den gesamten Behälter verlief eine eingeschweißte Befestigungsschiene, die am Handbremsende an den Sattelseitenblechen angenietet (Festsitz) und am Nichtbremsende angeschraubt war (Gleitsitz). Die Sättel waren mit dem Untergestell verschweißt. Von der Bremserbühne aus gelangte man über eine Aufstiegsleiter und einen Laufsteg mit Arbeitsbühne zum Behälterdom (Durchmesser 500 mm). Die flurbedienbare Entleerungseinrichtung bestand aus dem Handrad zum Bedienen des Bodenventils und der nach jeder Wagenlängsseite verlaufenden Ablasseinrichtung mit Ablasshahn und Gewindeanschluss. Das Bodenventil und die Ablasseinrichtung mit dem Ablasshahn waren beheizbar. Als Heizeinrichtung im Behälter dienten vier Heizrohre. Der Anschluss der Heizung erfolgte am Nichtbremsende des Fahrzeugs über einen Heizregelhahn. Zur Gewährleistung der ständigen Einsatzfähigkeit der Heizeinrichtung musste die gesamte Heizanlage nach dem Aufheizvorgang entwässert werden.

Länge über Puffer (mm)	**12.740**
Laderaum (m³)	**50**
Eigenmasse (kg)	**27.000**
Lastgrenzen (kg)	
A	**34.500**
B1	**37.000**
B2	**45.000**
C	**53.000**
AS	**34.500**
B1S	**37.000**
B2S	**45.000**
CS	**45.000**
Höchstgeschwindigkeit (km/h)	**100**
Bremse	**KE-GP**
Drehgestellbauart	**954 (Niesky)**
Radsatzstand im Drehgestell (mm)	**2.000**
Radsatzstand (mm)	**13.740**
Erstes Baujahr	**1968**

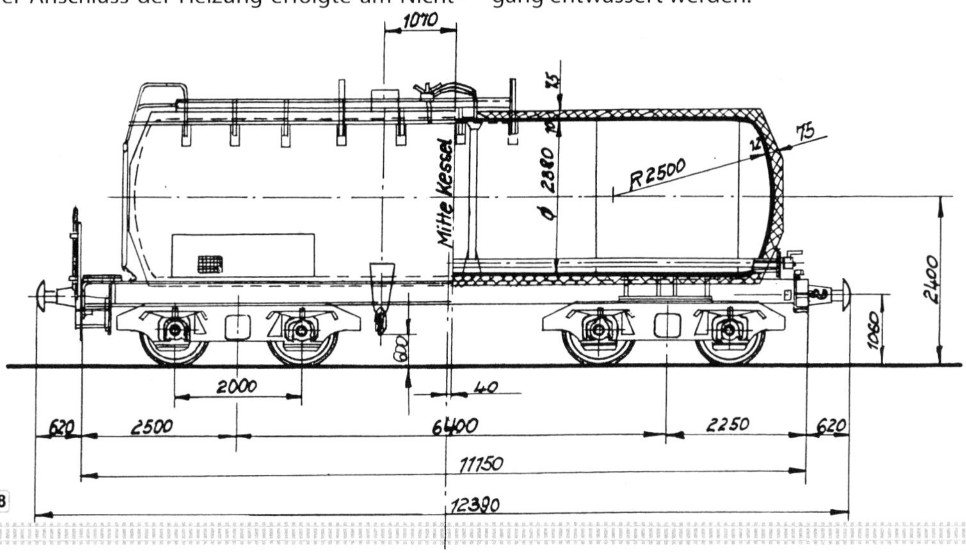

Z(ce)k [7158] (Dok 8019)

Die zweiachsigen Behälterwagen der Bauart Uhk [7158] – später Z(ce)k – waren für den Transport von Wein, Most und Maische aber auch für Polyvenylacetat vorgesehen. Die Fahrzeuge entstanden in den Jahren ab 1960 in der Waggonfabrik Quedlinburg. Später lieferte auch das Ausbesserungswerk Leipzig solche Fahrzeuge.
Das überkritische Laufwerk besaß Blattfedern mit Doppelschaken und rollengelagerte Radsätze.
Die Druckluftbremse der Bauart Knorr-KE-PG wirkte über eine zweistufige, mechanische Lastabbremsung mit einem Bremszylinder auf die Grauguss-Bremssohlen. Die ersten Wagen waren allerdings noch mit einer Hik-GP-Bremse ausgestattet.
Die durchgehende Zugeinrichtung mit Kegelfedern war mit normalen Schraubenkupplungen und Zughaken bestückt. Rechts und links der Kupplungen befanden sich Hülsenpuffer der Bauart Ringfeder mit runden Puffertellern.
Der Behälter aus korrosionsbeständigem V4A-Edelstahl war zur Wärmedämmung von außen mit einem Holzaufbau umschlossen, wobei der Holzkasten von der Bremserbühne aus durch eine Tür betreten werden konnte. Die Beheizung des Behälters erfolgte indirekt mit Dampf aus der Lokomotive durch acht Heizrohre, die außerhalb am unteren Teil des Behälters verliefen. Zur Domöffnung (Durchmesser 450 mm) und zum Handrad unter dem Dachaufbau gelangte man von der Bremserbühne über eine Aufstiegsleiter und einen Laufsteg aus Holz auf dem Wagendach. Die untere Entleerungseinrichtung beinhaltete bei den Weinwagen ein Bodenventil und nach jeder Seite zwei Kegelablasshähne mit einem Gewindeanschluss mit Whitworthgewinde. Die Wagen für Polyvenylacetat hatten nur ein Ablassrohr, dass aber mit einem Durchmesser von 100 mm dopplet so dick war wie die bei den Weinwagen.

Länge über Puffer (mm)	9.000
Laderaum (m³)	17,5
Eigenmasse (kg)	15.000
Lastgrenzen (kg)	
A	17.000
B	18.000
C	18.000
Höchstgeschwindigkeit (km/h)	80
Bremse	KE-GP
Radsatzstand (mm)	4.850
Erstes Baujahr	1970

Za(e)s [7717, 7883] (Dok 8117)

Die Beförderung von Pech, Bitumen, Straßenbaumitteln und ähnlichen Erzeugnissen oblag den vierachsigen Behälterwagen der Bauart Uahs [7295] – später Zaes [7883].

Sie liefen auf zweiachsigen Drehgestellen der Bauart Y 25 Cs mit zweistufigen Schraubenfedern und einem geschweißten Rahmen mit Kopfstücken. Die Druckluftbremse der Bauart KE-GP beinhaltete einen Bremszylinder, eine mechanische Lastabbremsung, einen Bremsgestängesteller und einfache Bremssohlen aus Grauguss. Ergänzt wurde sie durch eine Feststellbremse. Die geteilte Zugeinrichtung mit Kegelfedern besaß normale Schraubenkupplungen. Die Hülsenspuffer mit runden Tellern gehörten zu Bauart Ringfeder.

Der vollkommen geschweißte Behälter wurde mit aus Mineralglasfasern bestehenden »Microlen«-Matten (2 x 50 mm dick) gedämmt und war mit 1,25 mm dicken Aluminiumblechen verkleidet. Der zur Mitte hin geneigte Behälter stützte sich über Sättel auf dem Untergestell ab. Von der Bremserbühne gelangte man über eine Aufstiegsleiter und einen Laufsteg mit Arbeitsbühne zum Kesseldom (Durchmesser 500 mm). Die Entleerungseinrichtung mit dem Bodenventil und Handrad sowie einer Abflusseinrichtung mit Ablasshahn 5 ½" und einem Gewindeanschluss nach Standard »Whitworthgewinde« war von jeder Wagenlängsseite aus flurbedienbar. Bodenventil und Abflusseinrichtung mit Ablasshahn waren beheizbar. Die Heizeinrichtung im Behälter beinhaltete acht Heizrohre mit einem Außendurchmesser von 133 mm. Durch einen Betriebsdruck von 1,2 MPa Überdruck des Dampfes konnte das Ladegut in rund acht bis zwölf Stunden bis auf 220 °C erwärmt werden. Der Anschluss der Heizung erfolgte vom Nichtbremsende des Fahrzeugs über einen DR-Heizregelhahn. Zur Gewährleistung der ständigen Einsatzfähigkeit der Heizeinrichtung musste nach dem Aufheizvorgang die gesamte Heizanlage entwässert werden.

Länge über Puffer (mm)	13.650
Laderaum (m³)	61,4
Eigenmasse (kg)	24.500
Lastgrenzen (kg)	
AS	39.500
B1S	43.500
B2S	47.500
C	55.500
CS	47.500
Höchstgeschwindigkeit (km/h)	100
Bremse	KE-GP
Drehgestellbauart	863 (Y 25 Cs)
Radsatzstand im Drehgestell (mm)	1.800
Radsatzstand (mm)	10.410
Erstes Baujahr	1971

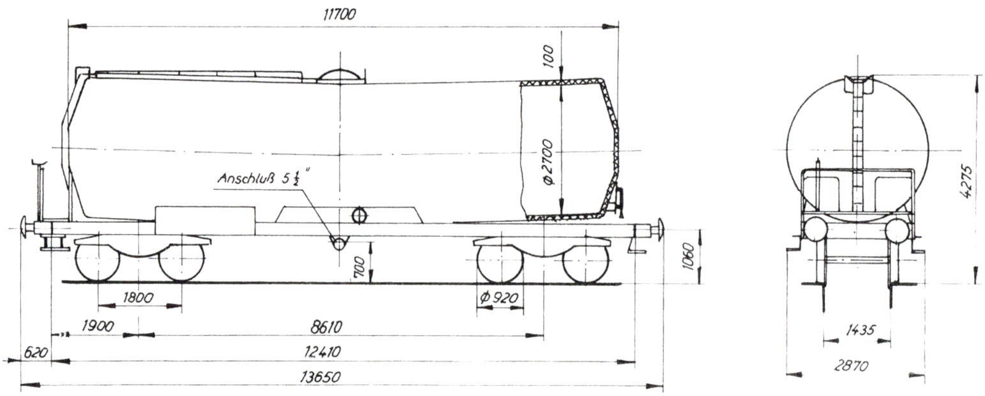

Zc [7205] (Dok 8265)

Diese Kesselwagen waren nur als Privatwagen im Reichsbahnbestand und wurden zwischen 1973 und 1975 im Raw Leipzig gefertigt.
Ihr überkritisches Laufwerk war mit zwei rollengelagerten Vollradsätzen bestückt. Es hatte Blattfedern und Doppelkschaken.
Zur Bremsausstattung gehörten die Druckluftbremse der Bauart KE-GP mit Steuerventil und Bremsgestängesteller sowie einer mechanischen, zweistufigen Lastabbremsung und eine Feststellbremse, die von der Bühne aus bedient werden konnte.
Die geteilte Zugeinrichtung mit Kegelfedern konnte nach vorn ausgebaut werden. Ringfeder-Hülsenpuffer mit runden Tellern übertrugen die Stoßkräfte auf Nachbarfahrzeuge.
Auf dem vollständig geschweißten und aus Walzprofilen hergestellten Untergestell standen Winkelprofile, die durch Sättel verbunden waren. In ihnen ruhte der Kessel. Er war mit den Sätteln verschraubt, wobei auf einer Seite eine lose Lagerung vorgesehen war, um die Längendehnung des Kessels aufzunehmen. An einer Stirnseite thronte auf dem Untergestell eine Übergangsbühne mit Trittstufen und Geländer. Hier war auch die Leiter platziert, die zu den Laufstegen auf dem Kesselscheitel führte. Auf dem Kesselscheitel des aus Aluminium gefertigten, zylindrischen Kessels befand sich ein Deckel mit Knebelschrauben, durch welchen der Kessel befüllt werden konnte. Möglich war sowohl eine Druck- als auch eine Schwerkraftentladung. Am Behälterboden gab es ein bodenbedienbares Schnellschluss-Bodenventil und ein Auslaufventil der Bauart NW 50 mit Schutzkappe. Die Stutzen waren blind verflanscht und konnten wie der Domdeckel aus zolltechnischen Gründen verplombt werden. Zur Temperaturhaltung des Ladeguts im Winter besaßen die Wagen eine Dampfheizleitung und zwei Heizrohre, die in den Kessel führten. Die Dampfzufuhr regelte ein Heizabsperrhahn.

Länge über Puffer (mm)	9.000
Laderaum (m³)	26,8
Eigenmasse (kg)	12.000
Lastgrenzen (kg)	
A	20.000
B	24.000
C	28.000
Höchstgeschwindigkeit (km/h)	100
Bremse	KE-GP
Radsatzstand (mm)	4.850
Erstes Baujahr	1973

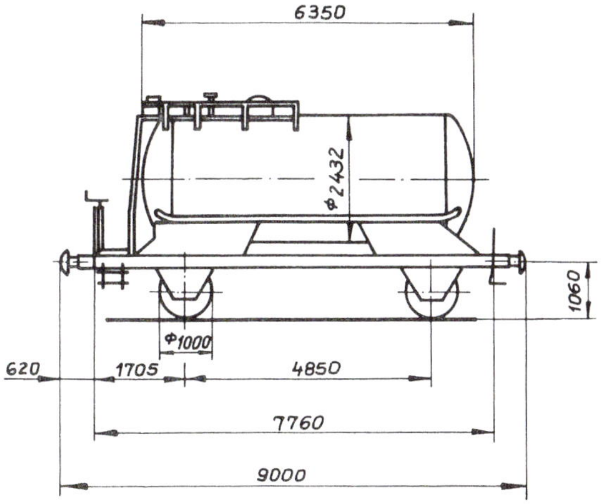

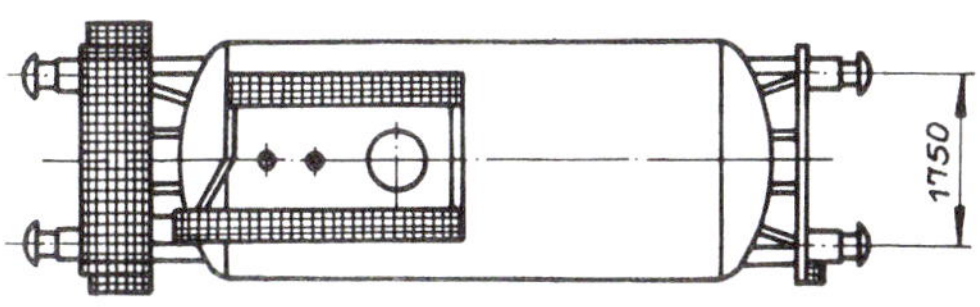

Zs-w [7361] (Dok 8028)

Die Wagen vom Typ O baute das Raw Leipzig ab 1976 für die Reichsbahn. Sie waren für die Beförderung von Erdölprodukten wie Otto- und Dieselkraftstoff vorgesehen, aber auch Benzol, Petroleum und Lösungsmittel durften transportiert werden.
Das überkritische Laufwerk wies UIC-Rollenlagerradsätze und neunlagige Blatttragfedern mit Doppelschaken auf. Der Radsatzlagermittenabstand betrug 2.000 mm.
Die Druckluftbremse der Bauart Knorr KE-GP wirkte mit einem Bremszylinder über den Bremsgestängesteller und die zweistufige mechanische Lastabbremsung auf die Bremssohlen. Die Feststellbremse konnte mit einer Kurbel von der Übergangsbühne aus bedient werden. Die geteilte Zugeinrichtung mit Kegelfedern war mit normalen Schraubenkupplungen und Zughaken bestückt und ermöglichte den Einbau einer automatischen Mittelpufferkupplung. Die Stoßeinrichtung bestand aus Federpuffern der Bauart Ringfeder mit runden Puffertellern.
Das Untergestell als Schweißkonstruktion wurde unter Verwendung von Walzprofilen und Blechen nach TGL-Vorgaben hergestellt. Der vollständig geschweißte Kessel mit Überdrucksicherheitsventil bestand aus 8 mm dickem Mantelblech und die Kesselböden waren 10 mm stark. Über Längssättel war der Kessel mit dem Untergestell verschweißt. Auf dem Kesselscheitel thronte ein Dom mit einer lichten Weite von 500 mm. Der Domdeckel mit seinem Zentralverschluss konnte über eine stirnseitige Leiter und einen Laufsteg erreicht werden. Die Entleerungseinrichtung war von beiden Längsseiten vom Boden aus zu bedienen und verfügte über eine Schnellschaltbetätigung mit Schnellschlussbodenventil und Gewindeanschluss.

Länge über Puffer (mm)		**10.240**
Laderaum (m^3)		**35**
Eigenmasse (kg)		**13.400**
Lastgrenzen (kg)		
	A	**18.500**
	B	**22.500**
	C	**26.500**
	AS	**18.500**
	BS	**22.500**
	CS	**26.500**
Höchstgeschwindigkeit (km/h)		**100**
Bremse		**KE-GP**
Radsatzstand (mm)		**6.000**
Erstes Baujahr		**1976**

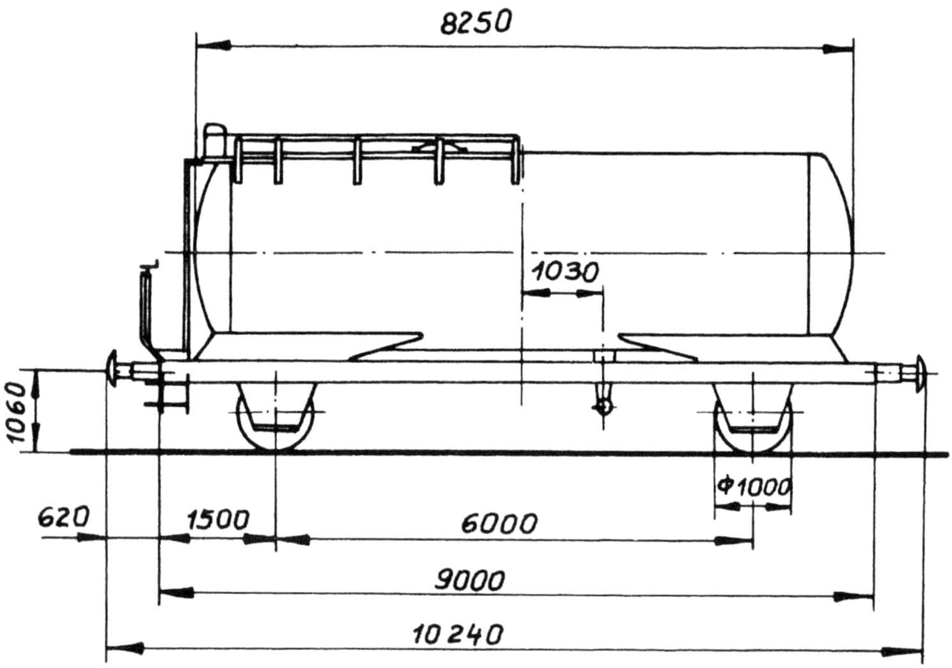

Zcs [7367] (Dok 8304)

Die Bewältigung der Transportaufgaben bei der Reichsbahn zur Beförderung chemischer flüssiger Produkte machte ab Mitte der 1970er Jahre die Beschaffung neuer Kesselwagen mit ausgekleideten Behältern erforderlich. Dabei handelte es sich um folgende Typen:

- Wagen mit gummierten Behältern, vorzugsweise für den Transport von Salzsäure und
- Wagen mit verbleiten Behältern, vorzugsweise für den Transport von Schwefelsäure.

Ihr Laufwerk bestand aus Radsätzen mit 1.000 mm Laufraddurchmesser, neunlagigen Blattfedern und Doppelschaken.

Die Bremse der Bauart KE-GP mit mechanischer Lastabbremsung übertrug ihre Kräfte über einen Bremszylinder und Gestängesteller auf die einfachen Bremssohlen. Jeder Kesselwagen besaß eine von der Bremserbühne aus bedienbare Handbremse.

Die geteilte Zugeinrichtung enthielt Elastomerfedern aus Stahl-Gummi-Elementen. Als Stoßeinrichtung dienten Hochleistungspuffer. Das Untergestell war als Schweißkonstruktion unter Verwendung von Stahlprofilen und abgekanteten Stahlblechen ausgebildet und für den späteren Anbau einer automatischen Kupplung vorbereitet.

Die Kesselbehälter aus Stahl der Güte St 38 b-2 bestanden aus einem zylindrischen Mittelteil und den zwei gewölbten Böden. Als Auskleidung fungierte 4 mm dicker Spezialgummi bzw. 4,5 mm dickes Weichblei. Zum Schutz gegen überlaufendes Ladegut versah man die Behälter mit einer Überlaufschürze und Überlaufrohren, die innen jeweils entsprechend ausgekleidet waren. Die Überlaufrohre waren seitlich am Behälter bis unter die Längsträger heruntergezogen. Als Füll- und Entleerungseinrichtung diente der Dom mit dem Füllstutzen, dem Druckstutzen (blaue Kennzeichnung) und dem Steigrohr (rote Kennzeichnung). Alle mit dem Ladegut in Berührung kommenden Teile der Füll- und Entleerungseinrichtung waren entsprechend beschichtet. Von den Wagenlängsseiten aus konnte über eine Leiter die Arbeitsbühne erreicht werden, die sich um die Füll-Entleerungseinrichtung gruppierte.

Länge über Puffer (mm)	**10.240**
Laderaum (m³)	**20**
Eigenmasse (kg)	**15.500**
Lastgrenzen (kg)	
A	**16.500**
B	**20.500**
C	**24.500**
AS	**16.500**
BS	**20.500**
CS	**24.500**
Höchstgeschwindigkeit (km/h)	**100**
Bremse	**KE-GP**
Radsatzstand (mm)	**6.400**
Erstes Baujahr	**1979**

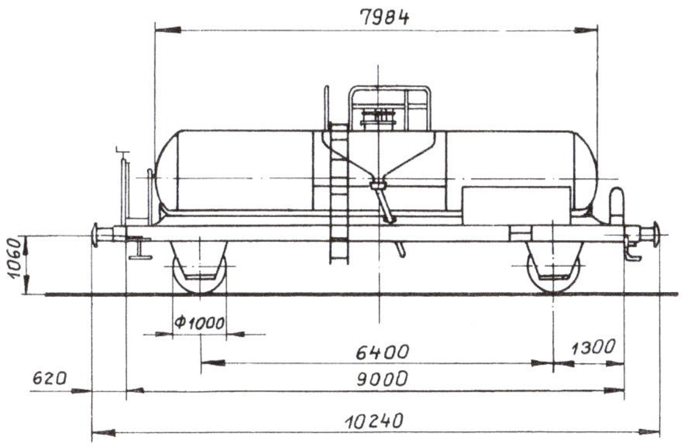

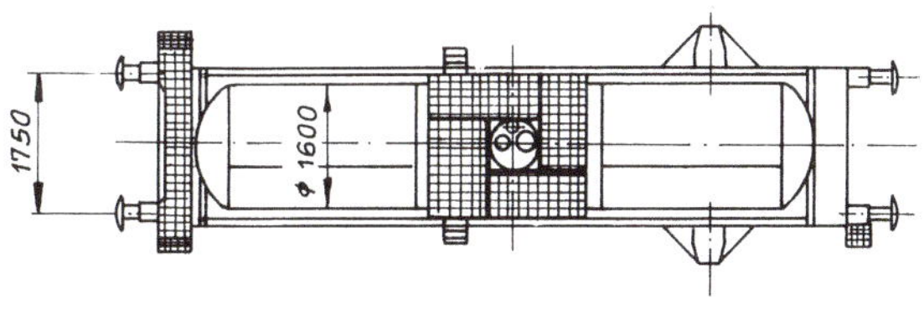

Zs [7351] (Dok 8050)

Länge über Puffer (mm)	9.840
Laderaum (m³)	28
Eigenmasse (kg)	12.500
Lastgrenzen (kg)	
AS	19.500
BS	23.500
CS	27.500
Höchstgeschwindigkeit (km/h)	120
Bremse	KE-GP
Radsatzstand (mm)	6.000
Erstes Baujahr	1983

Die zweiachsigen Kesselwagen Zs [7351] gehörten zum Typ IIIc und dienten zur Beförderung von beispielsweise Kohlenwasserstoffen, Salpetersäure, aber auch Wein. Die Fahrzeuge wurden ab 1983 in Frankreich für die Reichsbahn gefertigt.

Sie wiesen ein überkritisches Laufwerk mit Vollrädern, Rollenradsatzlagern, neunlagigen Blattfedern und Doppelschaken auf.

Die Druckluftbremse der Bauart KE-GP funktionierte mit einem mechanischen Lastwechsel, einem Bremszylinder und einem Bremsgestängesteller. Eine Feststellbremse verhinderte das selbstständige Wegrollen der Wagen.

Die geteilte Zugeinrichtung mit Stahl-Gummi-Elementen und normalen Schraubenkupplungen ermöglichte auch den »theoretischen« Einbau einer automatischen Mittelpufferkupplung.

Auf dem vollständig geschweißten Untergestell aus Walzprofilen und Blechen ruhte auf einem Längssattel der Behälter. Dieser zylinderförmige Kessel bestand aus rost- und säurebeständigem Stahl. Zwei um den Behälter geschweißte Versteifungsringe erhöhten seine Stabilität. Die Befüllung des Kessels erfolgte über einen Einfüllstutzen auf dem Behälterscheitel. Vier Augenschrauben mit Knebelmuttern verschlossen den Domdeckel. Eine Leiter an der Stirnwand und ein Laufsteg auf dem Kessel führten zum Einfülldom. Um den Dom war ein Überlaufring vorhanden, der verschüttetes Ladegut über Rohre nach unten leitete und so die Verschmutzung der Wagen verringerte. Über ein bodenbedienbares Ablassventil ließen sich die Wagen entleeren. Die Ablassrohe besaßen einen Gewindeanschluss, an den weitere Rohre oder Schläuche angeschlossen werden konnten. Wurden die Stutzen nicht genutzt, schützten Kappen den Anschluss. Aus zolltechnischen Gründen konnten die Zu- und Ablauföffnungen verplombt werden. Um Über- oder Unterdruck im Kessel zu vermeiden, erhielten die Wagen Sicherheitsventile.

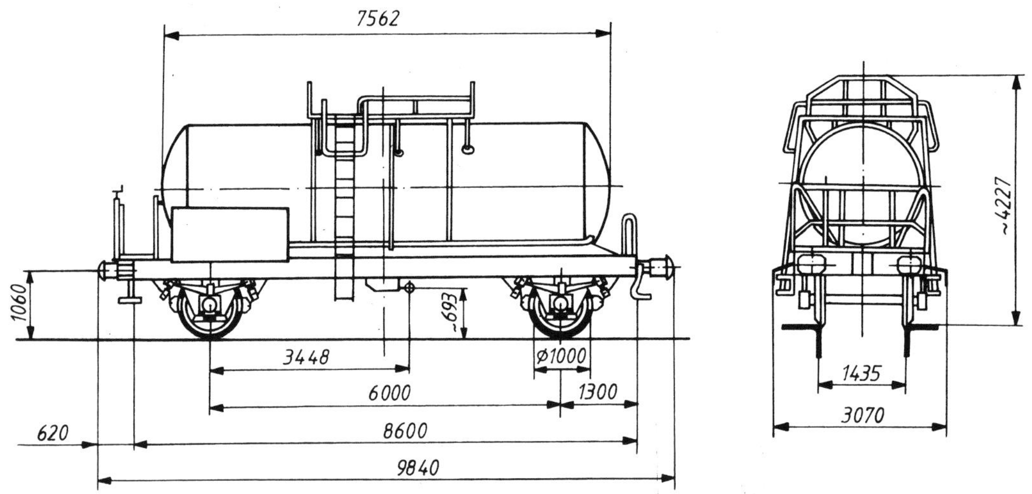

Zgks [7416] (Dok 8284)

Die zweiachsigen Kesselwagen Zgks [7416] des Typs IVb dienten zur Beförderung von unter Druck stehenden Gasen wie Ammoniak, Propan, Butan, Methylamin oder Ethylamin. Die Wagen besaßen ein überkritisches Laufwerk mit Vollradsätzen, die in Rollenlagern liefen. Neunlagige Blattfedern und Doppelschaken verbanden die Radsatzlagergehäuse mit den Federböcken am Untergestell. Beladen durften die Wagen 100 km/h schnell fahren, unbeladen waren sogar 120 km/h möglich.

Die Bremseinrichtung bestand aus einer Druckluftbremse der Bauart KE-GP mit Lastwechsel, einem Bremszylinder, einem Bremsgestängesteller sowie einer Feststellbremse, die über eine Kurbel von der Stirnbühne aus bedient wurde. Die normale Schraubenkupplung konnte gegen eine automatische Mittelpufferkupplung ausgetauscht werden.

Ihr Untergestell bildete eine Schweißkonstruktion unter Verwendung von Walzprofilen und Blechen nach TGL-Vorgaben. Der vollkommen geschweißte, zylindrische Behälter thronte über zwei Sätteln auf dem Untergestell, wobei alle Teile miteinander verschweißt waren. Zum Schutz des Behälters vor übermäßiger Sonneneinstrahlung diente ein besonderes, im Abstand zum Kessel auf dem Scheitel montiertes Sonnenschutzdach. Je nachdem, ob das Ladegut flüssig oder gasförmig entladen wurde, erhielten die Wagen getrennte Füll- und Entladestutzen. So befanden sich die Stutzen für die flüssige Entladung an den Fahrzeuglängsseiten, für die gasförmige Entladung in der Behältersohle. Beide Entladestutzen waren mechanisch miteinander gekuppelt und konnten von beiden Seiten aus bedient werden.

Länge über Puffer (mm)	10.240
Laderaum (m³)	46
Eigenmasse (kg)	20.200
Lastgrenzen (kg)	
AS	–
BS	–
CS	–
Höchstgeschwindigkeit (km/h)	100
Bremse	KE-GP
Radsatzstand (mm)	6.000
Erstes Baujahr	1984

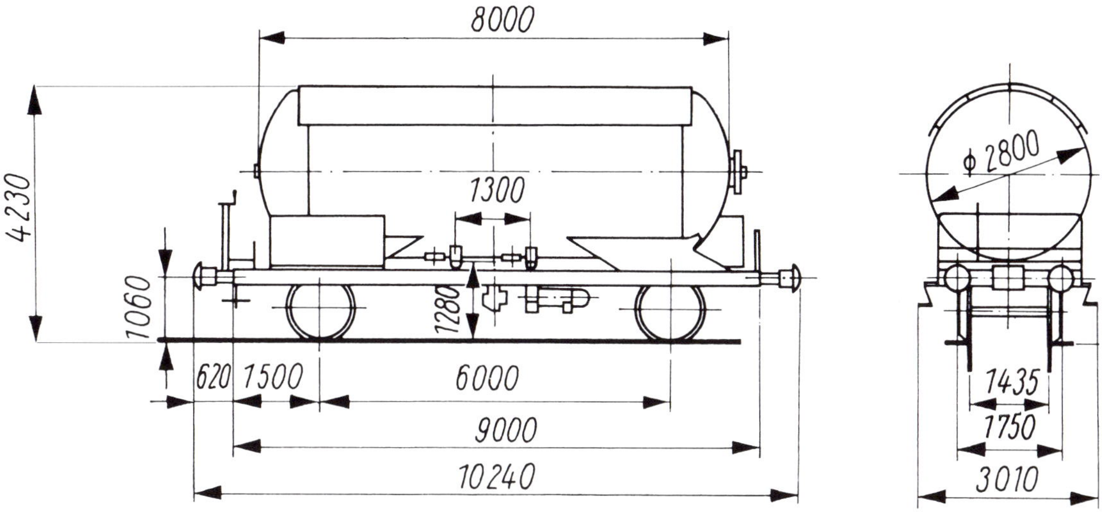

E Offener Wagen in Regelbauart, stirn- und seitenkippbar, mit flachem Boden
- mit 2 Radsätzen: Nutzlänge 7,70 m oder mehr, Lastgrenze 25 bis 30 t
- mit 4 Radsätzen: Nutzlänge 12 m oder mehr, Lastgrenze 50 bis 60 t
- mit 6 oder mehr Radsätzen: Nutzlänge 12 m oder mehr, Lastgrenze 60 bis 75 t

F Offener Wagen in Sonderbauart, Nutzlänge 22 bis 27 m bei Gelenkwagen oder Wageneinheiten mit 2 Elementen
- mit 2 Radsätzen: Lastgrenze 25 bis 30 t
- mit 3 Radsätzen: Lastgrenze 25 bis 40 t
- mit 4 Radsätzen: Lastgrenze 50 bis 60 t
- mit 6 oder mehr Radsätzen: Lastgrenze 60 bis 75 t

G Gedeckter Wagen in Regelbauart, mit mindestens 8 Lüftungsöffnungen
- mit 2 Radsätzen: Nutzlänge 9 bis 12 m, Lastgrenze 25 bis 30 t
- mit 4 Radsätzen: Nutzlänge 15 bis 18 m, Lastgrenze 50 bis 60 t
- mit 6 oder mehr Radsätzen: Nutzlänge 15 bis 18 m, Lastgrenze 60 bis 75 t

H Gedeckter Wagen in Sonderbauart, Nutzlänge 22 bis 27 m bei Gelenkwagen oder Wageneinheiten mit 2 Elementen
- mit 2 Radsätzen: Nutzlänge 9 bis 12 m, Lastgrenze 25 bis 28 t
- mit 4 Radsätzen: Nutzlänge 15 bis 18 m, Lastgrenze 50 bis 60 t
- mit 6 oder mehr Radsätzen: Nutzlänge 15 bis 18 m, Lastgrenze 60 bis 75 t

I Wagen mit Temperaturbeeinflussung, Kühlwagen mit thermischer Isolierung der Klasse IN, mit Luftumwälzung durch Windmotor, mit Fußbodenrost und Eiskästen (mindestens 3,5 m3), Nutzlänge 22 bis 27m bei Gelenkwagen oder Wageneinheiten mit 2 Elementen
- mit 2 Radsätzen: Ladefläche 19 bis 22 m^2, Lastgrenze 15 bis 25 t
- mit 4 Radsätzen: Ladefläche größer als 39 m^2, Lastgrenze 30 bis 40 t

K Flachwagen in Regelbauart mit klappbaren Wänden und kurzen Rungen, Nutzlänge 12 m, Lastgrenze 25 bis 30 t

L Flachwagen in Sonderbauart mit unabhängigen Radsätzen, Nutzlänge 12 m oder mehr, Lastgrenze 25 bis 30 t, Nutzlänge 22 bis 27 m bei Gelenkwagen oder Wageneinheiten mit 2 Elementen

O Gemischte Offen-Flachwagen in Regelbauart mit 2 oder 3 Radsätzen, mit klappbaren Wänden und Rungen
- mit 2 Radsätzen: Nutzlänge 12 m oder mehr, Lastgrenze 25 bis 30 t
- mit 3 Radsätzen: Nutzlänge 12 m oder mehr, Lastgrenze 20 bis 40 t

R Drehgestellflachwagen in Regelbauart mit klappbaren Stirnwänden und Rungen, Nutzlänge 18 bis 22 m, Lastgrenze 50 bis 60 t

S Drehgestellflachwagen in Sonderbauart, Nutzlänge 22 bis 27 m bei Gelenkwagen oder Wageneinheiten mit 2 Elementen
- mit 4 Radsätzen: Nutzlänge 18 m oder mehr, Lastgrenze 50 bis 60 t
- mit 6 oder mehr Radsätzen: Nutzlänge 22 m oder mehr, Lastgrenze 60 bis 75 t

T Wagen mit öffnungsfähigem Dach, Nutzlänge 22 bis 27 m bei Gelenkwagen oder Wageneinheiten mit 2 Elementen
- mit 2 Radsätzen: Nutzlänge 9 bis 12 m, Lastgrenze 25 bis 30 t
- mit 4 Radsätzen: Nutzlänge 15 bis 18 m, Lastgrenze 50 bis 60 t
- mit 6 oder mehr Radsätzen: Nutzlänge 15 bis 18 m, Lastgrenze 50 bis 60 t

U Sonderwagen, die nicht unter die Gattungen F, H, L, S oder Z fallen, Nutzlänge 22 bis 27 m bei Gelenkwagen oder Wageneinheiten mit 2 Elementen
- mit 2 Radsätzen: Lastgrenze 25 bis 30 t
- mit 3 Radsätzen: Lastgrenze 25 bis 40 t
- mit 4 Radsätzen: Lastgrenze 50 bis 60 t
- mit 6 oder mehr Radsätzen: Lastgrenze 60 bis 75 t

Z Kesselwagen mit Behälter aus Metall für den Transport von flüssigen oder gasförmigen Produkten, Nutzlänge 22 bis 27 m bei Gelenkwagen oder Wageneinheiten mit 2 Elementen
- mit 2 Radsätzen: Lastgrenze 25 bis 30 t
- mit 3 Radsätzen: Lastgrenze 25 bis 40 t
- mit 4 Radsätzen: Lastgrenze 50 bis 60 t
- mit 6 oder mehr Radsätzen: Lastgrenze 60 bis 75 t

Kennbuchstaben
(international gültig)

a	E, G	mit vier Radsätzen
	F, H, I, T, U, Z	bei Einzelwagen: mit vier Radsätzen
		bei Gelenkwagen und Wageneinheiten: mit Drehgestellen
	L	bei Einzelwagen: mit drei Radsätzen
		sonst: Gelenkwagen
	O	mit drei Radsätzen
	S	mit sechs oder mehr Radsätzen
aa	E, F, G, H, I, T, U und Z mit sechs oder mehr Radsätzen	
	L	bei Einzelwagen: mit vier Radsätzen
		sonst: Wageneinheit
	S	mit acht oder mehr Radsätzen
b	F	Großraumwagen mit unabhängigen Radsätzen, Laderaum größer als 45 m^3
	G	Großraumwagen
		mit 2 Radsätzen: Nutzlänge 12 m oder mehr, Laderaum 70 m^3 oder mehr
		mit 4 Radsätzen: Nutzlänge 18 m oder mehr
	H	Großraumwagen
		mit 2 Radsätzen: Nutzlänge 12 bis 14 m, Laderaum 70 m^3 oder mehr (1)
		mit 4 oder mehr Radsätzen: Nutzlänge 18 bis 22 m
	I	mit großer Ladefläche
		mit 2 Radsätzen: Ladefläche 22 bis 27 m^2
	K	mit langen Rungen
	L	Tragwagen für pa-Mittelcontainer (2) (3)
	R	Nutzlänge 22 m oder mehr
	S	Tragwagen für pa-Mittelcontainer (2) (3)
	T	Einzelwagen: Großraumwagen (5) (6)
		mit 2 Radsätzen: Nutzlänge mehr als 12 m
		mit 4 oder mehr Radsätzen: Nutzlänge mehr als 18 m
		Gelenkwagen und Wageneinheiten: mit lichter Höhe der Türöffnung über 1,90 m (7)
bb	H	Großraumwagen
		mit 2 Radsätzen: Nutzlänge 14 m oder mehr
		mit 4 oder mehr Radsätzen: Nutzlänge 22 m oder mehr
	I	mit großer Ladefläche
		mit 2 Radsätzen: Ladefläche mehr als 27 m^2
c	E	mit Entladeklappen im Wagenboden (8)
	F	mit Schwerkraftentladung, dosierbar, wahlweise zweiseitig, Öffnung hochliegend (9)
	H, T	mit Stirnwandtüren
	I	mit Fleischhaken
	L	mit Drehschemel (3)
	S	mit Drehschemel (4)
	U	mit Entladung unter Druck
	Z	mit Entladung unter Druck (10)
cc	F	mit Schwerkraftentladung, dosierbar, wahlweise zweiseitig, Öffnung tiefliegend (9)
	H	mit Stirnwandtüren und Inneneinrichtung für Kraftfahrzeugtransport

d	H	mit Bodenklappen
	I	für Seefisch
	L	ohne Stockwerk, für die Beförderung von Kraftfahrzeugen (3)
	S	für die Beförderung von Straßenfahrzeugen eingerichtet (4) (11)
	T	mit Schwerkraftentladung, dosierbar, wahlweise zweiseitig, Öffnung hochliegend Einzelwagen (5) (6) (12) Gelenkwagen und Wageneinheiten (7) (12)
	U	mit Schwerkraftentladung, dosierbar, wahlweise zweiseitig, Öffnung hochliegend (13)
dd	T	mit Schwerkraftentladung, dosierbar, wahlweise zweiseitig, Öffnung tiefliegend Einzelwagen (5) (6) (12) Gelenkwagen und Wageneinheiten (7) (12)
	U	mit Schwerkraftentladung, dosierbar, wahlweise zweiseitig, Öffnung tiefliegend (13)
e	F, H, T, U	bei Gelenkwagen und Wageneinheiten: mit drei Elementen
	H	bei Einzelwagen: mit zwei Böden
	I	mit elektrischer Luftumwälzung
	L	mit Stockwerken, für die Beförderung von Kraftfahrzeugen (3)
	R	mit klappbaren Seitenwänden
	S	mit Ladeebenen für den Transport von Personenkraftwagen (4)
	T	bei Einzelwagen: mit lichter Höhe der Türöffnung über 1,90 m (5)
	Z	mit Heizeinrichtung
ee	H	bei Einzelwagen: mit drei oder mehr Böden
	F, H, I, T, U	bei Gelenkwagen und Wageneinheiten: mit vier oder mehr Elementen
f	F, I, L, O, S, T, U, Z	für den Verkehr mit Großbritannien geeignet
	H	für den Verkehr mit Großbritannien geeignet (1)
ff	F, H, I, L, O, S, T, U, Z	nur für den Tunnelverkehr mit Großbritannien geeignet
fff	F, H, I, L, O, S, T, U, Z	nur für den Fährverkehr mit Großbritannien geeignet
g	G, H, T, U	für Getreide
	I	Maschinenkühlwagen (15) (16)
	K, R	für den Transport von Containern eingerichtet (17) (18)
	L	für den Transport von Containern mit Ausnahme von pa-Mittelcontainern (3) (19)
	S	für den Transport von Großcontainern mit einer Gesamtlänge bis 60 Fuß eingerichtet mit Ausnahme von pa-Mittelcontainern (4) (20) (11)
	Z	für Beförderung von verdichteten, verflüssigten oder unter Druck gelösten Gasen (10)
gg	I	Kühlwagen, gekühlt mit Flüssiggas (15)
	S	für den Transport von Großcontainern mit einer Gesamtlänge über 60 Fuß eingerichtet (4) (20) (11)
h	G, H	für Frühgemüse (21)
	I	mit thermischer Isolierung der Klasse IR
	L	für den Transport von Blechrollen, liegend verladen, eingerichtet (3) (22)
	R	für den Transport von Blechrollen, liegend verladen, eingerichtet (23)
	S	für den Transport von Blechrollen, liegend verladen, eingerichtet (4) (22)
	T	für den Transport von Blechrollen, liegend verladen, eingerichtet
hh	L	für den Transport von Blechrollen, stehend verladen, eingerichtet (3) (22)
	R	für den Transport von Blechrollen, stehend verladen, eingerichtet (23)
	S	für den Transport von Blechrollen, stehend verladen, eingerichtet(4) (22)
	T	für den Transport von Blechrollen, stehend verladen, eingerichtet
i	H	mit öffnungsfähigen Seitenwänden
	I	Kühlwagen, durch Kältemaschinen eines technischen Begleitwagens gespeist (15) (16) 24)
	K	mit beweglicher Abdeckung und festen Stirnwänden (25)

	L	mit beweglicher Abdeckung und festen Stirnwänden (3)
	R	mit beweglicher Abdeckung und festen Stirnwänden (26)
	S	mit beweglicher Abdeckung und festen Stirnwänden (4)
	T	mit öffnungsfähigen Seitenwänden
		Einzelwagen (5)
		Gelenkwagen und Wageneinheiten (7)
	U	Für den Transport von Gegenständen eingerichtet, die, auf Wagen der Regelbauart verladen, das Lademaß überschreiten würden (27) (28)
	Z	mit nichtmetallischem Behälter
ii	I	technischer Begleitwagen (15) (24)
j	K, L, R, S, T, Z	mit Stoßdämpfeinrichtung
k	E, G, H, T, U	mit 2 Radsätzen: Lastgrenze kleiner als 20 t
		mit 4 Radsätzen: Lastgrenze kleiner als 40 t
		mit 6 oder mehr Radsätzen: Lastgrenze kleiner als 50 t
	F, Z	mit 2 oder 3 Radsätzen: Lastgrenze kleiner als 20 t
		mit 4 Radsätzen: Lastgrenze kleiner als 40 t
		mit 6 oder mehr Radsätzen: Lastgrenze kleiner als 50 t
	I	mit 2 Radsätzen: Lastgrenze kleiner als 15 t
		mit 4 Radsätzen: Lastgrenze kleiner als 30 t
	K, L, O	Lastgrenze kleiner als 20t
	R	Lastgrenze kleiner als 40t
	S, U	mit 4 Radsätzen: Lastgrenze kleiner als 40 t
		mit 6 oder mehr Radsätzen: Lastgrenze kleiner als 50 t
kk	E, G, H, T	mit 2 Radsätzen: Lastgrenze 20 bis 25 t
		mit 4 Radsätzen: Lastgrenze 40 bis 50 t
		mit 6 oder mehr Radsätzen: Lastgrenze 50 bis 60 t
	F, Z	mit 2 oder 3 Radsätzen: Lastgrenze 20 bis 25 t
		mit 4 Radsätzen: Lastgrenze 40 bis 50 t
		mit 6 oder mehr Radsätzen: Lastgrenze 50 bis 60 t
	K, L, O	Lastgrenze 20 bis 25 t
	R	Lastgrenze 40 bis 50 t
	S	mit 4 Radsätzen: Lastgrenze 40 bis 50 t
		mit 6 oder mehr Radsätzen: Lastgrenze 50 bis 60 t
	U	mit 2 oder 3 Radsätzen: Lastgrenze 20 bis 25 t
		mit 4 Radsätzen: Lastgrenze 40 bis 50 t
l	E	nicht seitenkippbar
	F	mit Schwerkraftentladung, schlagartig, gleichzeitig zweiseitig, Öffnungen hochliegend (9)
	G	mit weniger als 8 Lüftungsöffnungen
	H	mit beweglichen Trennwänden (29)
	I	Wärmeschutzwagen ohne Eiskästen (15) (30)
	K, O, R	ohne Rungen
	L	ohne Rungen (3)
	S	ohne Rungen (4)
	T	mit Schwerkraftentladung, schlagartig, gleichzeitig zweiseitig, Öffnungen hochliegend
		Einzelwagen (5) (6) (12)
		Gelenkwagen und Wageneinheiten (7) (12)
	U	mit Schwerkraftentladung, schlagartig, gleichzeitig zweiseitig, Öffnungen hochliegend (13)
ll	F	mit Schwerkraftentladung, schlagartig, gleichzeitig zweiseitig, Öffnungen tiefliegend (9)
	H	mit verriegelbaren beweglichen Trennwänden (29)
	T	mit Schwerkraftentladung, schlagartig, gleichzeitig zweiseitig, Öffnungen tiefliegend
		Einzelwagen (5) (6) (12)
		Gelenkwagen und Wageneinheiten (7) (12)
	U	mit Schwerkraftentladung, schlagartig, gleichzeitig zweiseitig, Öffnungen tiefliegend (13)

m	E	mit 2 Radsätzen: Nutzlänge unter 7,70 m
		mit 4 oder mehr Radsätzen: Nutzlänge unter 12 m
	F, H, I, S, T, U, Z	bei Gelenkwagen und Wageneinheiten: Nutzlänge mit zwei Elementen 27 m oder mehr
	G, H, T	Bei Einzelwagen:
		mit 2 Radsätzen: Nutzlänge unter 9 m
		mit 4 oder mehr Radsätzen: Nutzlänge unter 15 m
	I	Bei Einzelwagen:
		mit 2 Radsätzen: Ladefläche unter 19m 2
		mit 4 oder mehr Radsätzen: Ladefläche unter 39 m^2
	K, O	Nutzlänge 9 bis 12 m
	L	Bei Einzelwagen: Nutzlänge 9 bis 12 m
		bei Gelenkwagen und Wageneinheiten: Nutzlänge mit zwei Elementen 18 bis 22 m
	R	Nutzlänge 15 bis 18 m
	S	Bei Einzelwagen:
		mit 4 Radsätzen: Nutzlänge 15 bis 18 m
		mit 6 oder mehr Radsätzen: Nutzlänge 18 bis 22 m
mm	F, H, I, S, T, U, Z	bei Gelenkwagen und Wageneinheiten: Nutzlänge mit zwei Elementen unter 22 m
	K, O	Nutzlänge unter 9 m
	L	Bei Einzelwagen: Nutzlänge unter 9 m
		bei Gelenkwagen und Wageneinheiten: Nutzlänge mit zwei Elementen unter 18 m
	R	Nutzlänge unter 15 m
	S	Bei Einzelwagen:
		mit 4 Radsätzen: Nutzlänge unter 15 m
		mit 6 oder mehr Radsätzen: Nutzlänge unter 18 m
n	E, G, T	mit 2 Radsätzen: Lastgrenze mehr als 30 t
		mit 4 Radsätzen: Lastgrenze mehr als 60 t
		mit 6 oder mehr Radsätzen: Lastgrenze mehr als 75 t
	F, Z	mit 2 Radsätzen: Lastgrenze mehr als 30 t
		mit 3 Radsätzen: Lastgrenze mehr als 40 t
		mit 4 Radsätzen: Lastgrenze mehr als 60 t
		mit 6 oder mehr Radsätzen: Lastgrenze mehr als 75 t
	H	mit 2 Radsätzen: Lastgrenze mehr als 28 t
		mit 4 Radsätzen: Lastgrenze mehr als 60 t
		mit 6 oder mehr Radsätzen: Lastgrenze mehr als 75 t
	I	mit 2 Radsätzen: Lastgrenze mehr als 25 t
		mit 4 Radsätzen: Lastgrenze mehr als 40 t
	K, L	Lastgrenze mehr als 30 t
	O	mit 2 Radsätzen: Lastgrenze mehr als 30 t
		mit 3 Radsätzen: Lastgrenze mehr als 40 t
	R	Lastgrenze mehr als 60 t
	S	mit 4 Radsätzen: Lastgrenze mehr als 60 t
		mit 6 oder mehr Radsätzen: Lastgrenze mehr als 75 t
	U	mit 2 Radsätzen: Lastgrenze mehr als 30 t
		mit 3 Radsätzen: Lastgrenze mehr als 40 t
		mit 4 Radsätzen: Lastgrenze mehr als 60 t
		mit 6 oder mehr Radsätzen: Lastgrenze mehr als 75 t (28)
o	E	nicht stirnkippbar
	F	mit Schwerkraftentladung, schlagartig, mittig, Öffnungen hochliegend (9)
	G, H	mit 2 Radsätzen: Nutzlänge unter 12 m, Laderaum 70 m^3 und mehr
	I	mit Eiskästen unter 3,5 m^3 (30)
	K, O	mit festen Wänden
	L	Bei Einzelwagen: mit festen Wänden
	L, S, Z	bei Gelenkwagen und Wageneinheiten: mit drei Elementen
	R	mit festen Stirnwänden von unter 2 m Höhe
	S	Gelenkwagen mit 3 Drehgestellen mit je 2 Radsätzen (31)

	T	mit Schwerkraftentladung, schlagartig, mittig, Öffnungen hochliegend Einzelwagen (5) (6) (12) Gelenkwagen und Wageneinheiten (7) (12)
	U	mit Schwerkraftentladung, schlagartig, mittig, Öffnungen hochliegend (13)
oo	F	mit Schwerkraftentladung, schlagartig, mittig, Öffnungen tiefliegend (9)
	I	mit drei Elementen
	L, S, Z	bei Gelenkwagen und Wageneinheiten: mit vier Elementen
	R	mit festen Stirnwänden von mindestens 2 m Höhe (26)
	T	mit Schwerkraftentladung, schlagartig, mittig, Öffnungen tiefliegend Einzelwagen (5) (6) (12) Gelenkwagen und Wageneinheiten (7) (12)
	U	mit Schwerkraftentladung, schlagartig, mittig, Öffnungen tiefliegend (13)
p	F	mit Schwerkraftentladung, dosierbar, mittig, Öffnungen hochliegend (9)
	I	ohne Fußbodenrost
	K	ohne Borde (25)
	L	ohne Borde (3)
	R	ohne Stirnborde (26)
	S	ohne Borde (4)
	T	mit Schwerkraftentladung, dosierbar, mittig, Öffnungen hochliegend Einzelwagen (5) (6) (12) Gelenkwagen und Wageneinheiten (7) (12)
	U	mit Schwerkraftentladung, dosierbar, mittig, Öffnungen hochliegend (13)
pp	F	mit Schwerkraftentladung, dosierbar, mittig, Öffnungen tiefliegend (9)
	K, R	mit abnehmbaren Wänden
	T	mit Schwerkraftentladung, dosierbar, mittig, Öffnungen tiefliegend Einzelwagen (5) (6) (12) Gelenkwagen und Wageneinheiten (7) (12)
	U	mit Schwerkraftentladung, dosierbar, mittig, Öffnungen tiefliegend (13)
q	bei allen	elektrische Heizleitung
qq	bei allen	elektrische Heizleitung und Heizeinrichtung für alle Stromarten
r	F, H, I, S, T, U, Z	Gelenkwagen
	L	Nutzlänge mit 2 Elementen 27 m oder mehr
rr	F, H, I, S, T, U, Z	Wageneinheit
s	bei allen	für »S«-Verkehre zugelassen (v_{max} = 100 km/h)
ss	bei allen	für »SS«-Verkehre zugelassen (v_{max} = 120 km/h)

nur national:

t	G	als Küchenwagen verwendbar
	H	nur für Mannschaftstransporte
u	E, K, R	ungeeignet für Militärtransporte
	G, H	nicht für Mannschaftstransporte
v	G, H	mit Ladeöffnungen im Dach
	T	nicht für die Be- und Entladung mit Kran
	U	nur für Zement
w	Z	für flüssige Brenn- und Treibstoffe

x	U	nur für Kohlenstaub
	Ea	mit Ganzstahlboden
y	T, U, Z	mit Innenauskleidung
z	G, H, I, L	mit Dampfheizleitung
	K, L, R, S	mit umlegbarem Bühnengeländer
zz	F, H, I	mit Dampfheizleitung und -einrichtung

Erläuterungen:

Die Kennbuchstaben werden in alphabetischer Reihenfolge an den Gattungsbuchstaben angehängt. Sie legen die Detailmerkmale eines Güterwagens innerhalb eines Gattungszeichens fest. Die Kennbuchstaben »r« und »rr« haben jedoch Rückwirkungen auf den Grundtyp eines Wagens. Daher sollte das Gattungszeichen immer in Verbindung mit den eventuell vorhandenen Kennbuchstaben »r«/»rr« gesehen werden.

National festgelegte Kennbuchstaben werden - durch Bindestrich abgetrennt - hinter den international gültigen Kennbuchstaben angehängt.

(1) Wagen mit 2 Radsätzen, die den Kennbuchstaben »f« tragen, können einen geringeren Laderaum als 70 m^3 haben.

(2) Für Container mit Laufwerk gemäß UIC-Merkblatt Nr. 590.

(3) An Güterwagen, die die Kennbuchstaben »b«, »c«, »d«, »e«, »g«, »h«, »hh« oder »i« tragen, können die Kennbuchstaben »l« oder »p« fakultativ angeschrieben werden. Dabei muss die Ziffernkennung der Wagen immer der am Güterwagen angegebenen Buchstabenkennzeichnung entsprechen.

(4) An Güterwagen, die die Kennbuchstaben »b«, »c«, »d«, »e«, »g«, »gg«, »h«, »hh« oder »i« tragen, können die Kennbuchstaben »l« oder »p« fakultativ angeschrieben werden. Dabei muss die Ziffernkennung der Wagen immer der am Güterwagen angegebenen Buchstabenkennzeichnung entsprechen.

(5) Der Kennbuchstabe »e« ist fakultativ für die Güterwagen, die den Kennbuchstaben »b« tragen, und wird nicht an Güterwagen angeschrieben, die die Kennbuchstaben »d«, »dd«, »i«, »l«, »l«», »o«, »oo«, »p« oder »pp« tragen.

(6) Die Kennbuchstaben »b« und »m« werden nicht an Güterwagen angeschrieben, die die Kennbuchstaben »d«, »dd«, »l«, »ll«, »o«, »oo«, »p« oder »pp« tragen.

(7) Der Kennbuchstabe »b« wird nicht an Güterwagen angeschrieben, die die Kennbuchstaben »d«, »dd«, »i«, »l«, »ll«, »o«, »oo«, »p« oder »pp« tragen.

(8) Dieser Begriff gilt nur für offene Wagen mit flachem Boden, die mit einer Vorrichtung ausgerüstet sind, durch die die Wagen entweder als Güterwagen der Regelbauart mit flachem Boden oder zur Schwerkraftentladung bestimmter Güter durch Betätigen der Bodenklappen eingesetzt werden können.

(9) Die Wagen mit Schwerkraftentladung der Gattung F sind offene Wagen, die keinen flachen Boden haben und weder stirn- noch seitenkippbar sind. (14)

(10) Der Kennbuchstabe »c« wird nicht an Güterwagen angeschrieben, die den Kennbuchstaben »g« tragen.

(11) Güterwagen, die sowohl Container und Wechselbehälter als auch Fahrzeuge transportieren können, erhalten gleichzeitig die Kennbuchstaben »g« bzw. »gg« und den Kennbuchstaben »d«.

(12) Die Wagen mit Schwerkraftentladung der Gattung T haben ein öffnungsfähiges Dach, das in geöffnetem Zustand den Wagenkasten auf der gesamten Länge freigibt; diese Wagen haben keinen flachen Boden und sind weder stirn- noch seitenkippbar. Die Entladeart dieser Wagen ist durch die Kombination von folgenden Merkmalen bestimmt: (14)

(13) Die Wagen mit Schwerkraftentladung der Gattung U sind geschlossene Wagen, deren Beladung nur über eine oder mehrere Ladeöffnungen durchgeführt werden kann, die am Oberteil des Wagenkastens liegen und deren gesamte Öffnung geringer ist als die Länge des Kastens; diese Wagen haben keinen flachen Boden und sind weder stirn- noch seitenkippbar. Die Entladeart dieser Wagen ist durch die Kombination von folgenden Merkmalen bestimmt: (14)

(14) Anordung der Entladeöffnungen:

- mittig: Öffnungen oberhalb der Gleisachse
- zweiseitig: Öffnungen auf beiden Seiten des Gleises außerhalb der Schienen, für diese Wagen ist die Entladeart: gleichzeitig zweiseitig, wenn die vollständige Entladung des Wagens das Betätigen der Öffnungen auf beiden Seiten erfordert
  wahlweise zweiseitig, wenn die vollständige Entladung des Wagens durch das Betätigen der Öffnungen einer einzigen Seite möglich ist
- hochliegend: Die untere Kante der Entladeöffnung (ohne Berücksichtigung der beweglichen Einrichtungen, die diese Entladeöffnung verlängern können) liegt wenigsten 0,7 m über Schienenoberkante und ermöglicht die Verwendung einer Fördereinrichtung zur Aufnahme des Gutes
- tiefliegend: Die Lage der unteren Kante der Entladeöffnung ermöglicht nicht die Verwendung einer Fördereinrichtung zur Aufnahme des Gutes

Entladungsart:

- schlagartig: Die Öffnungen können erst nach vollständiger Entladung wieder geschlossen werden
- dosierbar: Die Entladung kann zu jeder Zeit geregelt oder sogar unterbrochen werden

(15) Der Kennbuchstaben »l« wird nicht an Güterwagen angeschrieben, die die Kennbuchstaben »g«, »gg«, »i«, »ii« tragen.

(16) Die Wagen, die gleichzeitig die Buchstaben »g« und »i« tragen, können einzeln oder in einem Kühlzug eingesetzt werden.

(17) Außer Containern mit Laufwerk gemäß UIC-Merkblatt Nr. 590.

(18) Die Verwendung des Kennbuchstabens »g« in Verbindung mit dem Gattungsbuchstaben K bzw. R ist nur möglich für Güterwagen der Regelbauart, die nur eine zusätzliche Einrichtung für den Transport von Containern erhalten haben. Die Wagen, die ausschließlich für den Transport von Containern eingerichtet sind, müssen in die Gattung L bzw. S eingestuft werden.

(19) Güterwagen, die ausschließlich für den Transport von Containern dienen.

(20) Güterwagen, die ausschließlich dem Transport von Containern dienen oder die für den Transport von Wechselbehältern entsprechend den Vorschriften des UIC-Merkblattes Nr. 592-4 bestimmt sind.

(21) Der Begriff »für Frühgemüse« gilt nur für die Güterwagen, die zusätzliche Lüftungsöffnungen in Fußbodenhöhe haben.

(22) Güterwagen, die ausschließlich für den Transport von Blechrollen dienen.

(23) Die Verwendung der Kennbuchstaben »h« und »hh« in Verbindung mit dem Gattungsbuchstaben R ist nur möglich für Güterwagen der Regelbauart, die nur eine zusätzliche Einrichtung für den Transport von Blechrollen erhalten haben. Die Wagen, die ausschließlich für den Transport von Blechrollen eingerichtet sind, müssen in die Gattung S eingestuft werden.

(24) Der Begriff »technischer Begleitwagen« bezieht sich gleichzeitig auf Maschinenwagen, Werkstattwagen (beide mit oder ohne Schlafwagen) sowie auf Schlafraumwagen.

(25) Der Kennbuchstabe »p« wird nicht an Güterwagen angeschrieben, die den Kennbuchstaben »i« tragen.

(26) Der Kennbuchstabe »oo« und/oder »p« wird nicht an Güterwagen angeschrieben, die den Kennbuchstaben »i« tragen.

(27) Insbesondere:

- Tiefladewagen
- Wagen mit zentraler Aussparung
- Wagen mit Diagonalbock, ständig ausgerüstet

(28) Der Kennbuchstabe »n« wird nicht an Güterwagen angeschrieben, die den Kennbuchstaben »i« tragen.

(29) Bei P-Wagen können die beweglichen Trennwände vorübergehend abgenommen werden.

(30) Der Kennbuchstabe »o« wird nicht an Güterwagen angeschrieben, die den Kennbuchstaben »l« tragen.

(31) Gültig bis 31.12.1996 für vorhandene Gelenkwagen, die nicht mit dem Kennbuchstaben »r« gekennzeichnet sind.

WEITERE INTERESSANTE BÜCHER ZUM THEMA

Diese überarbeitete Neuauflage enthält alle wichtigen Informationen über die Loks und Triebwagen der Deutschen Reichsbahn der DDR von 1949 bis 1990. Dabei werden die rekonstruierten Dampfloks genauso berücksichtigt wie die aus der UdSSR beschafften Dieselloks und die elektrischen Triebwagen der Berliner S-Bahn.

144 Seiten, 150 Abb., Format 170 x 240 mm

ISBN 978-3-613-71661-2

€ 19,95 / € (A) 20,60

Dieses Buch bietet kurze, prägnannte Informationen über Entwicklung, Geschichte und Einsatz der wichtigsten deutschen Dieselloks sowie ihre technischen Daten. Dabei werden importierte Maschinen genauso wie die für Privatbahnen entwickelten und produzierten Loks vorgestellt.

144 Seiten, 150 Abb., Format 170 x 240 mm

ISBN 978-3-613-71660-5

€ 19,95 / € (A) 20,60

Dieser Band bietet einen Überblick über die Lokomotiven und Triebwagen der Deutschen Bahn AG seit ihrer Gründung am 1. Januar 1994, als sich die beiden deutschen Staatsbahnen Deutsche Bundesbahn (DB) und Deutsche Reichsbahn (DR) der DDR zu diesem neuen Unternehmen zusammenschlossen.

144 Seiten, 150 Abb., Format 170 x 240 mm

ISBN 978-3-613-71677-3

€ 19,95 / € (A) 20,60

Marc Dahlbeck stellt alle Reisezugwagen der Deutschen Reichsbahn der DDR übersichtlich in Wort und Bild vor. Kurz und kompetent werden dabei die Entstehung und die Besonderheiten jedes Fahrzeugs beschrieben. Eine echte Fundgrube und Identifikationshilfe auch für den Modelleisenbahner.

144 Seiten, 150 Abb., Format 170 x 240 mm

ISBN 978-3-613-71679-7

€ 19,95 / € (A) 20,60

Leseproben zu allen Titeln auf unserer Internetseite

Stand April 2023

Änderungen in Preis und Lieferfähigkeit vorbehalten.

Überall, wo es Bücher gibt, oder unter

WWW.MOTORBUCH-VERSAND.DE

Service-Hotline: 0711 / 78 99 21 51